AF388214

Heiko Brunck

Zum Einfluss von Sonnenaktivität und NAO auf das Klima von Mitteleuropa

Rekonstruktion aus historischen Daten und laminierten Maarsedimenten der Eifel

Brunck, Heiko: Zum Einfluss von Sonnenaktivität und NAO auf das Klima von Mitteleuropa. Rekonstruktion aus historischen Daten und laminierten Maarsedimenten der Eifel. Hamburg, disserta Verlag, 2014

Buch-ISBN: 978-3-95425-472-9
PDF-eBook-ISBN: 978-3-95425-473-6
Druck/Herstellung: disserta Verlag, Hamburg, 2014
Covermotiv: © Uladzimir Bakunovich – Fotolia.com

Bibliografische Information der Deutschen Nationalbibliothek:
Die Deutsche Nationalbibliothek verzeichnet diese Publikation in der Deutschen Nationalbibliografie; detaillierte bibliografische Daten sind im Internet über http://dnb.d-nb.de abrufbar.

Danksagung

Mein besonderer Dank gilt an dieser Stelle Herrn Prof. Dr. Frank Sirocko für die außerordentlich gute Betreuung und Unterstützung während der Diplomarbeit sowie für die daraus resultierenden zahlreichen fachlichen Diskussionen, Ratschläge und Hilfestellungen bei Problemfällen und für die Bereitstellung von Messgeräten und Analysemitteln. Des Weiteren bedanke ich mich bei Herrn Dr. Bert Rhein für die schnelle Zusage, mir als Zweitgutachter zur Verfügung zu stehen. Weiterhin gilt mein Dank der Universität Köln für die Bereitstellung der Datensätze der Temperatur und des Niederschlages. Ebenso möchte ich mich bei meinem Kommilitonen Bernhard Hauter, sowie bei den Doktoranden Christel Adams, Marieke Röhner und insbesondere Hillmar Holland für ihre Unterstützung und konstruktive Kritik während der Diplomarbeitsphase bedanken. Außerdem danke ich herzlich Frau Petra Sigl für die Einführung in das Programm Adobe Illustrator und für die Unterstützung bei jeglichen grafischen Problemen. Nicht vergessen werden soll auch Frau Saskia Rudert für die Mithilfe bei der geochemischen μ-XRF-Messung und Auswertung. Für die grammatikalische und syntaktische Durchsicht bedanke ich mich herzlich bei meiner Freundin Vivian Ferchof. Abschließend möchte ich mich bei meinen Eltern und meiner Freundin für die Unterstützung und Motivation während der Dauer der Diplomarbeit und des Studiums bedanken.

Zusammenfassung

Die Grundlage der vorliegenden Diplomarbeit bildet die mitveröffentlichte Publikation „Solar Influence on winter severity in central Europe", in der erstmals ein signifikanter Zusammenhang zwischen dem Sonnenfleckenzyklus und dem Winterklima in Westdeutschland hergestellt werden konnte. Auf Basis der Publikation wurden drei Hauptziele mit folgenden Ergebnissen postuliert. Die überregionale Betrachtung des Einflusses der Sonnenaktivität und der NAO auf das Winterklima wird durch die Analyse der Eiswinter auf dem Bodensee, dem Rhein und der Ostsee umgesetzt. Dabei hat sich gezeigt, dass ein signifikanter Einfluss der NAO in allen drei Regionen nachweisbar ist, allerdings ist die statistische Signifikanz der Sonnenflecken nur regional auf den Rhein beschränkt. Der Einfluss der Sonnenaktivität auf die NAO ist mithilfe einer Glättung der Daten nachweisbar. Für den geowissenschaftlichen Betrachter koinzidieren die beiden Datensätze und in 14 von 20 Fällen tritt in unmittelbarer Nähe eines Sonnenfleckenminimums auch ein Minimum der NAO-Datenreihe auf. Bei der differenzierten Betrachtung der letzten 50 Jahre besteht sogar eine hundertprozentige Korrelation zwischen beiden Datensätzen sowohl für die Minima als auch für die Maxima.

Im zweiten Teil der vorliegenden Arbeit konnte mithilfe geochemischer, petrologischer und makroskopischer Analysen verschiedene Eventlagen eines etwa 2m langen Freeze-Kerns aus dem Schalkenmehrener Maar hochaufgelöst untersucht werden. Das Ziel, die vorliegende Zeitreihe extremer Winter von Mitteleuropa zu erweitern, konnte durch die zu geringe Anzahl der identifizierten Winterlagen nicht realisiert werden. Allerdings sind bei der Zuordnung der einzelnen Eventlagen in die Kategorien Hochwasser, extremer Winter und Turbidit allgemeingültige Unterscheidungskriterien erarbeitet und grafisch zusammengefasst worden.

Abstract

The following thesis is based on the co-published dissertation "Solar Influence on winter severity in central Europe" in which it was possible to establish a significant link between the sunspot cycle and the winter climate in western Germany. Three main goals with the following results were postulated on the basis of the publication. The cross-regional observation of the influence of solar activity and the NAO on the winter climate is carried out through an analysis of the ice winter on Lake Constance, the Rhine and the Baltic Sea. It was shown that a significant influence of the NAO can be detected in all three regions, but the statistical significance of the sunspots is limited to the Rhine region. The influence of solar activity on the NAO can be determined by smoothing the data. The two data sets coincide from the perspective of a geoscientific observer, and in 14 out of 20 cases a minimum occurs in the NAO data stream directly next to a sunspot minimum. In the differentiated observation of the past 50 years, there is even a 100% correlation between the two data sets both in terms of minimums and maximums.

In the second part of this thesis, it was possible to examine an around 2m-long freeze core from the Schalkenmehrener Maar at high resolution using geochemical, petrological and macroscopic analyses of various events. It was not possible to realise the aim of expanding the present time series of extreme winters in central Europe due to the low number of winter periods identified. However, it was possible to develop universally valid differentiation criteria for the individual events in the categories flood, extreme winter and turbidite and summarise these graphically.

Inhaltsverzeichnis

Abbildungsverzeichnis

Tabellenverzeichnis

Abkürzungsverzeichnis

µ-XRF	Mikroröntgenfluoreszenzanalyse
A	April
Abb.	Abbildung
AG	Aktiengesellschaft
ai	Adobe-Illustrator-Dateiformat
Al	Aluminium
Ar	Argon
Au	August
BMR	bipolare magnetische Region
bzw.	beziehungsweise
Ca	Kalzium
ca.	circa
cal BP	calibrated years before the present
Cs	Cäsium
Cu	Kupfer
D	Dezember
d. h.	das heißt
DVD	Digital Versatile Disc; englisch „digitale vielseitige Scheibe"
DWD	Deutscher Wetterdienst
ED	energiedispersiv
ELSA	Eifel Laminated Sediment Archive

engl.	englisch
ENSO	El Niño-Southern Oscillation
et al.	et alii (Maskulinum) oder et aliae (Femininum); lateinisch: „und andere"
etc.	et cetera; lateinisch: „und so weiter"
F	Februar
Fe	Eisen
H_2SO_4	Schwefelsäure
IPCC	Intergovernmental Panel on Climate Change
ITC	innertropische Konvergenz
Ja	Januar
J	Juni
jpg	Dateiformat zur Bildkompression
Ju	Juli
K	Kalium
Li	Lithium
M	März
Ma	Mai
Max	Maximum
Mg	Magnesium
Min	Minimum
Mn	Mangan
MS	Microsoft
N	November

Na	Natrium
NAO	Nordatlantische Oszillation
Ni	Nickel
NOAA	National Oceanic and Atmospheric Administration
Ok	Oktober
O	Sauerstoff
OH	Hydroxidion
P	Phosphor
RADIUS	Rapid Particle Analysis of digital images by ultra-high-resolution scanning of thin sections
Rb	Rubidium
ROI	Region of Interest
RWC	Regional Warning Centres
S	Schwefel
S.	Seite
Se	September
SFM	Sonnenfleckenminimum
Si	Silizium
SIDC	Solar Influences Data Analysis Center, Royal Observatory of Belgium
SiO_2	Siliziumdioxid
SO_2	Schwefeldioxid
Sr	Strontium
Tab.	Tabelle

Ti	Titan
TSS	totale solare Strahlungsintensität
usw.	und so weiter
UV	ultraviolett
vs.	versus; lateinisch: „gegen“
WD	wellenlängendispersiv
XRF	Röntgenfluoreszenzanalyse
Zr	Zirkonium

Einheitenverzeichnis

%	Prozent
<	kleiner
>	größer
°	Grad
°C	Grad Celsius
μm	Mikrometer
μS	Mikrosiemens
a	Jahr
cm	Zentimeter
cps	counts per second
Gew.%	Gewichtsprozent
hPa	Hektopascal
K	Kelvin
kg	Kilogramm
km	Kilometer
m	Meter
$\frac{m}{s}$	Meter pro Sekunde
m^2	Quadratmeter
mm	Millimeter
n	Anzahl
nm	Nanometer

ppm	parts per million
r	Radius
r_s	Radius der Sonne
s	Sekunde
$\frac{W}{m2}$	Watt pro Quadratmeter

1) Einleitung

In den letzten Jahren ist immer deutlicher geworden, dass die rein meteorologische Definition des Klimas als 30-jähriges Mittel der atmosphärischen Zustandsgrößen viel zu kurz greift und die Komplexität des Klimas nicht im vollen Ausmaß wiedergeben kann. Im Klimasystem „Erde" wird die Verknüpfung der einzelnen Teilsysteme Geosphäre, Atmosphäre, Hydrosphäre, Kryosphäre, Biosphäre und seit neuester Zeit auch der Anthroposphäre deutlich. Die Änderungen in den jeweiligen Bereichen führen direkt oder indirekt zu Variationen der Klimaelemente wie Temperatur, Niederschlag und Druck. Durch den einsetzenden Klimawandel sind Untersuchungen der anthropogenen und auch der natürlichen Klimavariabilität von großer Bedeutung und hohem Interesse.

Der Einfluss der Sonnenaktivität auf das Klima der Erde ist bisher bei weitem noch nicht vollständig erfasst und wird selbst unter den Experten kontrovers diskutiert. Jahrelang hat die IPCC die Sonnenintensität als konstant angenommen und ihr keine große Klimarelevanz zugewiesen. Neueste Forschungsergebnisse zeigen jedoch eine deutliche Veränderung sowohl in dem Spektrum der Sonnenintensität selbst als auch in der Temperatur der Erdatmosphäre während eines Sonnenfleckenzyklus. Durch die mitveröffentlichte Publikation „Solar Influence on winter severity in central Europe" konnte erstmals ein signifikanter Zusammenhang zwischen dem 11-jährigen Sonnenfleckenzyklus und dem Winterklima in Westdeutschland hergestellt werden. Hierzu wurde die Eisbedeckung des Rheins aus historischen Quellen bis 1775 ermittelt und als Proxy für die Identifizierung extrem kalter Winterjahre verwendet. Anschließend wurden die Eiswinter gegen den 11-Jahres-Zyklus der Sonnenfleckenaktivität geplottet und eine Übereinstimmung der Eiswinter mit dem Sonnenfleckenminimum (SFM) in 10 von 14 Fällen festgestellt (Abb. 1).

Im Rahmen der vorliegenden Arbeit wird die Forschung der erwähnten Publikation weitergeführt und ausgeweitet. Hierbei werden drei Hauptziele formuliert:

1) Eine überregionale Betrachtung des Einflusses der Sonnenaktivität auf das Winterklima.

2) Ein besseres Verständnis der Verflechtung von Nordatlantischer Oszillation (NAO) und Sonnenfleckenzyklus.

3) Eine Erweiterung der Proxyzeitreihen in die Vergangenheit.

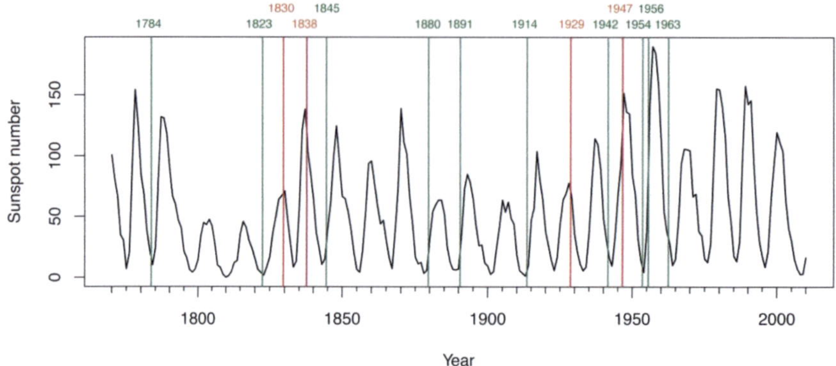

Abb. 1: Zeitreihe der Sonnenflecken (Hoyt und Schatten, 1997) gegen die Eiswinter des Rheins (vertikale Linien) geplottet. Die Eisjahre sind grün markiert, wenn sie in einem der 4 Jahre um ein Sonnenfleckenminimum aufgetreten sind. So zählen die Winter der Jahre 2007, 2008, 2009 und 2010 zu dem Sonnenfleckenminimum aus dem Jahre 2008.

Quelle: Sirocko et al., 2012

Nach einer Einführung in die Thematik wird im ersten Teil der Diplomarbeit ein Überblick über die verwendeten Datensätze gegeben und die entstandenen Excel- sowie Adobe-Illustrator-Grafiken vorgestellt. Anschließend werden mithilfe der Datensätze verschiedene klimarelevante Indikatoren untersucht, die Einflüsse auf die Temperatur ausgewertet und die Ergebnisse diskutiert. Der Schwerpunkt liegt dabei auf der Auswertung der NAO- und der Sonnenfleckenzeitreihe. An sinnvollen Stellen wurde eine statistische Analyse mittels Bootstrap-Methode vorgenommen, um die Ergebnisse besser gewichten zu können. Des Weiteren ist der Frage nachgegangen worden, ob andere Gewässer in Mitteleuropa eine ähnlich starke Korrelation zu dem Sonnenfleckenzyklus aufweisen wie der Rhein oder ob dieser Zusammenhang regional beschränkt ist. Für die überregionale Betrachtung des Einflusses der Sonnenaktivität auf das Winterklima wurden der Eisgang auf dem Bodensee und der Ostsee genauer analysiert und mit den Rheinergebnissen abgeglichen.

Der zweite Teil der vorliegenden Arbeit beschäftigt sich hauptsächlich mit der Erweiterung der Datenreihen in die Vergangenheit. Durch petrographische, geochemische und mikroskopische Untersuchungen an einem Freeze-Kern aus dem Schalkenmehrener Maar (Eifel) werden verschiedene Eventlagen den Kategorien Hochwasser, extremer Winter und Turbidit zugeordnet. Zusätzlich steht bei der Auswertung die Identifizierung der

Unterscheidungsmerkmale der einzelnen Kategorien sowie Sedimentations- und Transportprozesse innerhalb eines Maares im Vordergrund. Bei erfolgreicher Identifizierung einer ausreichenden Anzahl an Winterlagen werden diese auf Periodizität untersucht und sowohl in Bezug zur Sonnenaktivität als auch zur NAO gesetzt. Abschließend wird die vorliegende Zeitreihe extremer Winter in Westdeutschland entsprechend der Ergebnisse erweitert.

2) Grundlagen

Für einen besseren Einstieg in das komplexe Thema der Klimatologie werden im nachfolgenden Kapitel die Grundlagen der untersuchten Prozesse genauer vorgestellt.

2.1 Die Nordatlantische Oszillation

Die ersten Aufzeichnungen der nordatlantischen Oszillation, kurz NAO genannt, stammen aus einer Publikation des dänischen Missionars Hans E. Saabye, der in seinem Tagebuch von 1770 bis 1778 vermerkte, dass die Wintertemperaturen in Grönland und in Skandinavien gegenphasig oszillierten. Heute gilt es als gesichert, dass die zonale Strömung des Nordatlantiks vor allem bestimmend für das Winterklima in Grönland, Nordafrika, Europa und dem Osten der USA ist (Pinto et al., 2011; Wanner et al., 2001).

Der NAO-Index wird laut Deutschen Wetterdienstes (DWD) als Differenz der normierten Abweichungen der Druckwerte vom langjährigen Mittel zwischen der Nordstation (Island-Tief, ca. 65° nördliche Breite) und der Südstation (Azoren-Hoch, ca. 40° nördliche Breite) bezeichnet. Der Index ist negativ, wenn das Azoren-Hoch und das Island-Tief nur schwach ausgeprägt sind und entsprechend positiv, wenn die Luftdruckdifferenz besonders groß ist. Problematisch in diesem Zusammenhang ist der Fakt, dass der NAO-Index nicht eindeutig definiert ist. Somit ist es auch möglich, statt der Luftdruckdaten der Azoren-Stationen Daten von Gibraltar oder aus Portugal zu nehmen. Des Weiteren werden auch in verschiedenen Datensätzen eine unterschiedliche Anzahl von Stationen und eine variierende zeitliche Staffelung benutzt. Trotzdem zeigte sich, dass die Unterschiede im Verlauf des NAO-Indexes bei der Verwendung von Daten für verschiedene Südstationen lediglich quantitativer Natur sind; für die Periodendauer der NAO werden nur geringe Unterschiede festgestellt.

Eine Darstellung des historischen Verlaufs des Winter-NAO-Indexes (DJaF) seit 1775 zeigt Abbildung 2. Die schwarze Kurve stellt den jährlichen Winterverlauf der NAO-Werte da; die rote Linie eine Glättungskurve über einen Zeitraum von 3 Jahren, um längerfristige Trends zu identifizieren. Die NAO ist ein ganzjähriges Klimaphänomen, jedoch vor allem im Winter hauptverantwortlich für das europäische Wettergeschehen (Stenseth et al., 2003; Sirocko, 2013). Hierbei unterscheiden sich die beiden Zustände der nordatlantischen Oszillation erheblich voneinander mit weitreichenden Änderungen im zirkularen Windsystem.

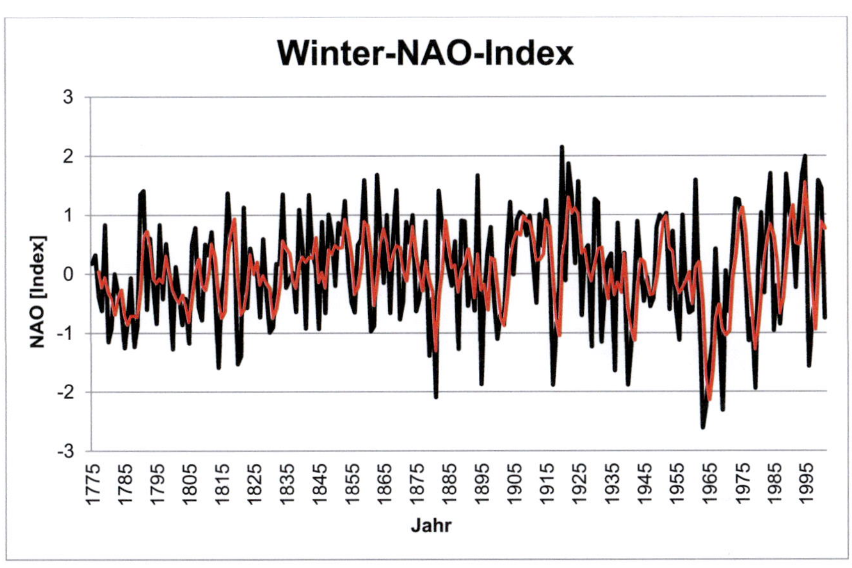

Abb. 2: Verlauf des Winter-NAO-Indexes nach Luterbacher von 1775 bis 2001. Dabei stellt die schwarze Linie den jährlichen Verlauf und die rote Linie den gleitenden Durchschnitt über 3 Jahre dar.

Quelle: Eigendarstellung nach Luterbacher et al., 2002

Die Abbildung 3 zeigt die Veränderungen in der Atmosphäre sowohl bei einem negativen als auch bei einem positiven NAO-Index auf das Winterwetter. Bei einem negativen NAO bildet die geringe Luftdruckdifferenz zwischen des Island-Tiefs und des Azoren-Hochs schwache Westwinde über dem Nordatlantik aus. Das Hoch über Russland kann sein Einflussgebiet auf Nord- und Mitteleuropa ausdehnen und sorgt in den Regionen für kalte und trockene Winter. Folglich wird das Zentrum der schwächeren Westwinde weiter Richtung Süden verlagert und liegt ungefähr über Spanien und Südfrankreich. Daraus resultiert ein erhöhtes Niederschlagsvolumen für die Mittelmeerregion. Infolgedessen wird es in Grönland verhältnismäßig warm und an der Ostküste der USA kälter als üblich.

Die Auswirkungen eines positiven NAO-Index auf die atmosphärischen Zustände sind genau entgegengesetzt. Der große Druckunterschied der beiden Systeme bedingt einen besonders stark ausgeprägten Westwind, der das kontinentale Hoch über Russland weit nach Osten zurückdrängt. In den Wintern mit einem hohen NAO-Index (> 1) liegt die Durchschnittsgeschwindigkeit der zonalen Strömung um mehr als 8 m/s über denen in Wintern mit einem niedrigem NAO-Index (< -1) (Hurrell et al., 1995). Somit befindet sich

Nord- und Mitteleuropa im Einflussbereich der atlantischen Tiefdruckgebiete, welche den betroffenen Regionen milde, feuchte und sturmreiche Winter bescheren (Hurrell et al., 2009). Der Mittelmeerraum wird häufiger von kalten Ausläufern des Russland-Hochs erreicht, daher ist das Wetter kühler und vor allem trockener als gewöhnlich. Entgegengesetzt zum ersten Fall wird es nun besonders kalt über Grönland und mild an der Ostküste der USA.

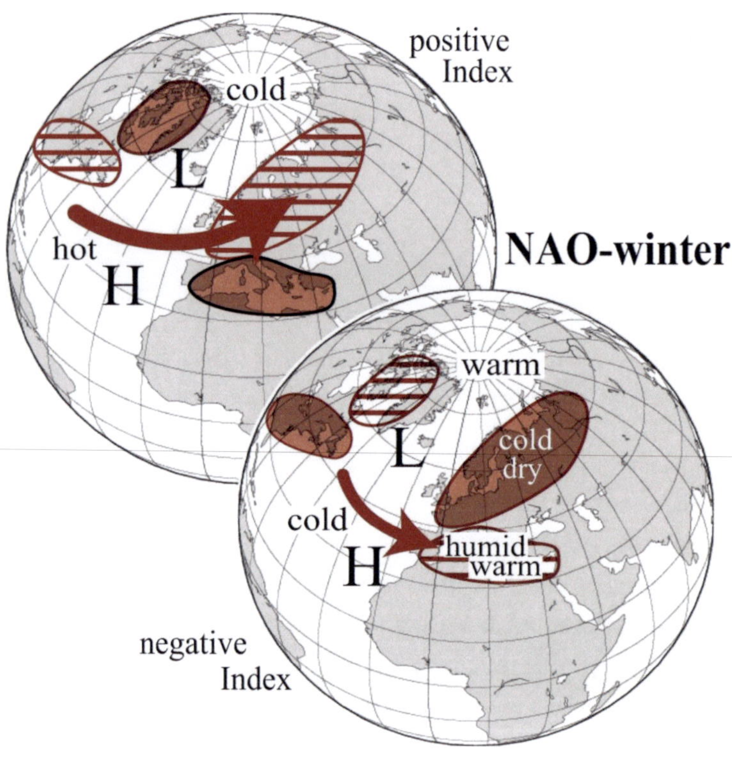

Abb. 3: Veränderung der Luftströmungen und ihre Auswirkungen eines negativen NAO-Indexes auf die Großwetterlage über dem Atlantik.

Quelle: verändert nach Sirocko, 2013, S.153

2.2 Southern Oscillation

Ein ähnliches Klimaphänomen der Luftdruckschwankungen findet sich im Gebiet des Pazifiks wieder, die „El Niño-Southern Oscillation", kurz ENSO. Diese wird definiert als die relative Änderung des Luftdrucks zwischen den Messstationen Darwin in Australien und Tahiti im Südostpazifik. Dabei beschreibt die ENSO eine periodische Druckschwankung ähnlich der NAO im Atlantik, aber mit extremeren Auswirkungen vor allem auf Temperatur- und Niederschlagsschwankungen in Südamerika und Südostasien/Australien.

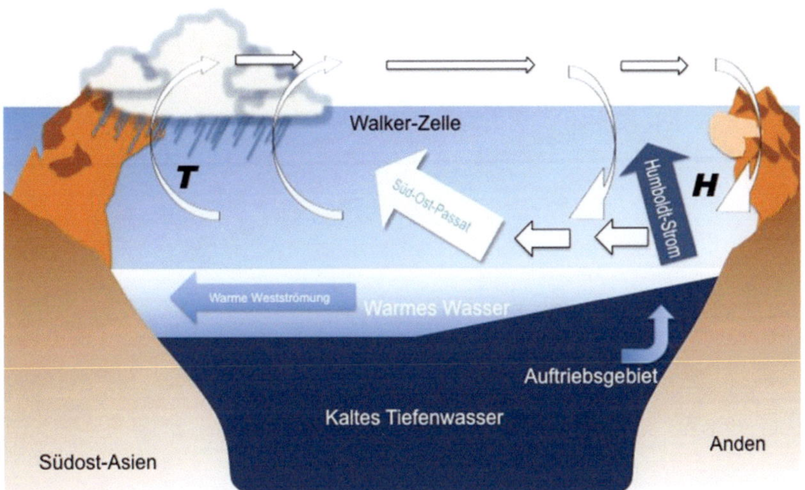

Abb. 4: Darstellung der normalen Wettersituation im Pazifik. Der Humboldt-Strom befördert kaltes Tiefenwasser oberflächennah vor die Küste von Südamerika. Die bodennahen Wind- und Meeresströmungen kommen aus Osten, wodurch es zu einer Erwärmung der Meeresströmung kommt und es im asiatischen/ australischen Raum regnet. Die sich bildende Luftzirkulation wird nach ihrem Entdecker Walker-Zirkulation genannt.

Quelle: http://www.mpi-bremen.de/El_Nino-Effekte_vor_125_000_Jahren.html

Im Normalfall befindet sich vor der Westküste von Südamerika ein stabiles Hochdruckgebiet und vor der Ostküste Australiens ein Tief (Abb. 4). Durch die Lokalisierung von Südamerika auf der Südhalbkugel drehen sich die Winde gegen den Uhrzeigersinn um das Hoch. Folglich strömt die kalte Luft aus dem Süden in Richtung des Äquators und wird dabei von der Corioliskraft nach Westen abgelenkt. Der Südostpassat sorgt kombiniert mit dem Nordostpassat, welche an der innertropischen Konvergenz (ITC) zusammentreffen, für einen beständigen Ostwind hin zum Tiefdruckgebiet. Dabei erwärmt sich die Luft immer weiter und steigt schließlich vor der Ostküste Australiens auf. Je größer die Druckunterschiede zwischen den beiden Druckgebilden sind, desto stärker sind die Ostwinde über dem Pazifik. Wenn die Winde außerordentlich stark sind und die Meeresoberflächentemperatur ungewöhnlich kalt im äquatorialen Pazifik ist, spricht man von einem La Niña-Jahr, welches genau genommen nur einen extremen Normalzustand darstellt.

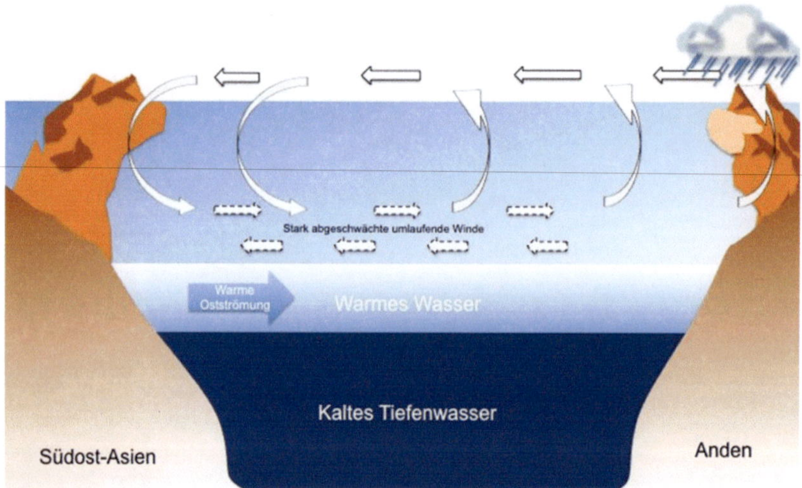

Abb. 5: Darstellung der El-Niño-Wettersituation im Pazifik. Die bodennahen Wind- und Meeresströmungen haben sich umgekehrt und kommen nun aus Westen. Durch das warme Wasser an der südamerikanischen Küste ergibt sich eine verstärkte Verdunstung, wodurch die einsetzende Konvektion zu fallendem Luftdruck, Wolkenbildung und Niederschlägen führt.

Quelle: http://www.mpi-bremen.de/El_Nino-Effekte_vor_125_000_Jahren.html

Die atmosphärische Zirkulation ist der Hauptantrieb der Meeresströmungen und somit wird vor der südamerikanischen Westküste kaltes Meerwasser, der sogenannte Humboldtstrom, nach Norden geführt und sowohl vom Wind als auch von der Corioliskraft nach Westen abgelenkt. Infolgedessen erwärmt sich der Humboldtstrom durch die Sonneneinstrahlung zusehends und wird zum warmen Südäquatorialstrom. Das erwärmte Oberflächenwasser, welches normalerweise im Westpazifik 5-10°C wärmer ist als im Ostpazifik, sammelt sich vor der Küste Südostasiens an, wodurch der Meeresspiegel hier ungefähr 60-80cm höher als vor der Küste von Peru ist (Klose, 2007). Durch die Verdunstung steigt die warme und feuchte Luft auf, kühlt sich dabei ab und es fällt Regen im westpazifischen Raum.

Im Fall eines El-Niño-Jahres sind die Verhältnisse auf dem Pazifik genau umgedreht und die Druckunterschiede zwischen dem Hoch vor Südamerika und dem Tief östlich von Australien sehr gering (Abb. 5). Welche Prozesse die besondere Konstellation auslösen, ist bisher noch ungeklärt, allerdings werden dadurch die Passatwinde abgeschwächt und kommen teilweise ganz zum Erliegen (Klose, 2007). Infolgedessen wird der Humboldtstrom ebenfalls schwächer und das angestaute warme Wasser vor der Küste Australiens bewegt sich langsam in Richtung Osten, so dass im Ostpazifik der Meeresspiegel ansteigt und sich das Wasser zunehmend erwärmt. Zusammen mit dem warmen Wasser verschiebt sich auch das Tiefdruckgebiet und mit ihm die Regenzone, welche normalerweise östlich von Indonesien und Australien liegt, bis vor die Westküste Südamerikas. Zeitgleich kühlen sich im Westpazifik das Wasser und die Lufttemperatur ab, der Luftdruck steigt und es bildet sich ein Hochdruckgebiet aus. Durch die Verlagerung der Druckverhältnisse dreht sich die Walker-Zirkulation um; aus der östlichen Luftströmung über dem Pazifik wird jetzt ein Westwind, welcher den Prozess noch verstärkt. So bewirkt ein El-Niño-Ereignis warmes Oberflächenwasser und hohe Niederschläge im Ostpazifik und kühleres Oberflächenwasser und Trockenheit im Westpazifik. Da dieser Prozess normalerweise sein Maximum um die Weihnachtszeit erreicht, wurde er von peruanischen Fischern „El Niño" getauft, was übersetzt „das Christkind" bedeutet.

2.3 Die Sonne

Die Sonne ist die wichtigste und größte Energiequelle der Erde, der Motor unseres Klimas und verantwortlich für die Entwicklung des Lebens auf unseren Planeten.

2.3.1 Der Aufbau der Sonne

Kosmisch gesehen ist die Sonne ein Gasstern, welcher $1,5 \cdot 10^8$ Kilometer von der Erde entfernt ist, einen 109-mal so großen Durchmesser wie die Erde hat und eine Masse von $2 \cdot 10^{30}$ Kilogramm besitzt. Trotz der gewaltigen Distanz ist die Sonne der nächstgelegene Stern zur Erde und somit ist es möglich, diesen genauer zu studieren.

Die Sonne besteht aus verschiedenen Zonen (Abb. 6), wobei die Übergänge aufgrund ihres gasförmigen Zustandes nicht streng voneinander abgegrenzt werden können. Im Zentrum der Sonne befindet sich der Kern ($0 < r_s < 0,25$), in dem durch ständige Fusionsprozesse zwischen Wasserstoff und Helium die Energie der Sonne produziert wird. Durch die Kernfusion entstehen Temperaturen von bis zu $15,5 \bullet 106$ Kelvin und die Materie liegt ausschließlich in Form eines Plasmas vor. Obwohl der Kern nur 1,6 Prozent des gesamten Sonnenvolumens (inklusive solarer Atmosphäre) ausmacht, sind hier rund 50% der Sonnenmasse konzentriert (Stix, 2004).

Hauptsächlich durch die Diffusion von Gamma- und Röntgenstrahlung passiert die Energie die Strahlungszone ($0,25 < r_s < 0,7$), welche um den Kern herum liegt. Normalerweise würde ein Photon die Strahlungszone in 2s durchdringen, aber aufgrund der hohen Dichte kommt es zu fortlaufenden Kollisionen mit Plasmateilchen. Dementsprechend diffundieren die Photonen mittels Streuung, Absorption und wiederholter Abstrahlung in Richtung der Sonnenoberfläche und benötigen dabei statistisch gesehen 10.000 bis 200.000 Jahre. Bei jedem Zusammenstoß entsteht ein Energieverlust der Photonen bei dem die ursprüngliche Gammastrahlung in langwelligere Röntgenstrahlung umgewandelt wird.

Über der Strahlungszone schließt sich die Konvektionszone an, welche 20-30 Prozent des Sonnenradius ausmacht. Hierbei wird das Plasma durch großräumige Konvektion an die Oberfläche geleitet, wo es anschließend abkühlt und wieder ins Sonneninnere absinkt. Durch den physikalischen Fakt, dass heißes Plasma heller ist als kühles, sind die Konvektionsströme von der Erde aus mit einem Teleskop beobachtbar und als zeitlich variierende Granulation der Sonnenoberfläche bekannt (Abb. 8).

Abb. 6: Der Aufbau der Sonne mit Kern (1), Strahlungszone (2), Konvektionszone (3), Photosphäre (4), Sonnenfleck (5), Granulation (6), Chromosphäre (7), Protuberanzen (8) und Korona (9).

Quelle: http://www.kis.uni-freiburg.de/index.php?id=511&L=1&id=511

Daran schließt sich die solare Atmosphäre an, welche die Energie wieder in Form von Strahlung in den interplanetaren Raum emittiert. Sie ist nach den thermischen Eigenschaften in drei verschiedene Bereiche unterteilt namens Photosphäre, Chromosphäre und Korona.

Die Photosphäre ist die unterste Schicht der solaren Atmosphäre und schließt sich unmittelbar an die Konvektionszone an. Der Übergang wird in der Physik als Sonnenoberfläche definiert, da es möglich ist, bis zu diesem Bereich in die Sonne hinein zu blicken (Stix, 2004). In der Photosphäre wird die erzeugte und aufsteigende Energie als Strahlung, wegen der abnehmenden Energie der Strahlungsquanten größtenteils im sichtbaren Licht, abgestrahlt, weshalb mehr als 99 Prozent des gesamten Sonnenlichtes ihren Ursprung in der Photosphäre haben. Mit einer Dicke von 400-500km, was nur 0,1% des Sonnenvolumens entspricht, ist die Photosphäre dünn und die Temperatur nimmt nach außen hin von 6000 auf 4500 Kelvin ab. Der radiale Temperaturgradient ist durch die Mitte-Rand-Variation beschrieben. Dabei nimmt die Helligkeit der Sonne für den Betrachter auf der Erde vom Sonnenzentrum zu den Polen hin ab, da der Beobachter im Sonnenzentrum in geometrisch niedrigere Schichten blicken kann als an den Polen. Durch die höhere Temperatur in niedrigeren Schichten steigt auch die Helligkeit, was die physikalische Erscheinung erklärt (Weigert und Wendker, 2009).

Über der Photosphäre schließt sich die ungefähr 1000km dicke Chromosphäre an. Nach dem Minimum der Temperatur steigt diese nun wieder auf über 10.000 Kelvin an, während gleichzeitig die Gasdichte stark abnimmt. Daher wird das Licht, dass durch die Chromosphäre sowie den obersten Bereich der Photosphäre strahlt, nur zu einem sehr geringen Teil absorbiert. Aus diesem Grund sind im Sonnenspektrum die charakteristischen Absorptionslinien zu erkennen, welche nach ihrem Entdecker Joseph von Frauenhofer als Frauenhofersche Linien bekannt sind.

Die Dichte nimmt nochmals stark ab, wodurch die Chromosphäre in die Korona übergeht. Allerdings wird die Temperatur in der stark verdünnten Materie der Korona durch die Sonnenstrahlung, Stoßwellen und andere mechanische oder magnetische Wechselwirkungen auf über zwei Millionen Kelvin aufgeheizt. Die genauen Ursachen der Aufheizung sind aber immer noch nicht vollständig geklärt (Weigert und Wendker, 2009).

2.3.2 Die Rotation der Sonne und ihr Magnetfeld

Die Sonne besteht aus sehr heißem Gas, wodurch die im Gas befindlichen Atome komplett ionisiert vorliegen. Daraus folgt eine sehr hohe Elektronendichte im Plasma, in dem durch ständige Bewegung des selbigen ein Strom erzeugt wird. Nach den physikalischen Maxwell-Gleichungen induzieren elektrische Ströme Magnetfelder, welche sich mit dem Plasma ebenfalls mitbewegen. Daher wird der Effekt als „eingefrorene Magnetfeldlinien im Plasma" bezeichnet (Stix, 2004). Da die Sonne am Äquator für ihre Rotation nur 25,5 Tage, am Pol hingegen 34 Tage braucht, entsteht eine differentielle Rotation, wodurch es zur Aufwicklung der Magnetfeldlinien kommt (Schlichenmaier und Peter, 2007).

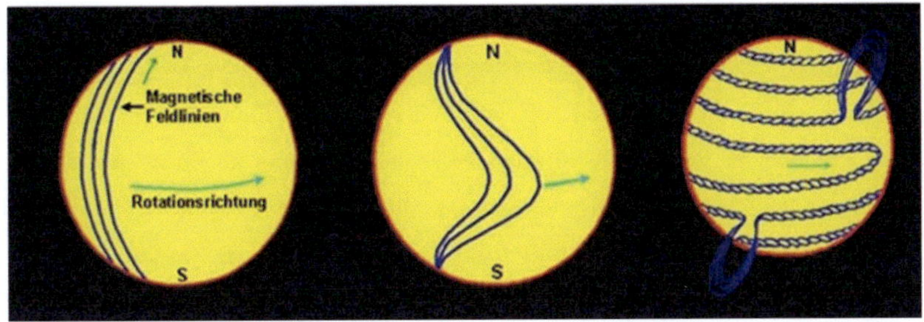

Abb. 7: Entstehung des Magnetfeldes der Sonne. 1) Am Beginn eines Zyklus verlaufen die magnetischen Feldlinien gerade. 2) Durch die differentielle Rotation der Sonne werden die magnetischen Feldlinien am Äquator am stärksten in die Rotationsrichtung abgelenkt und es kommt zu einem Aufwickeln der Feldlinien. 3) Durch den Einfluss der Konvektion und der zunehmenden Feldstärke werden die Feldlinien instabil und brechen durch die Sonnenoberfläche hindurch, wodurch die Sonnenflecken entstehen.

Quelle: http://www.abenteuer-universum.de/sterne/sonne.html#rot

Die Feldlinien werden besonders in der Nähe des Äquators aufgewickelt und erscheinen dort in einer großen Dichte, was bedeutet, dass die magnetische Feldstärke ebenfalls ansteigt (Abb. 7). Durch das resultierende toroidale Feld entsteht die unterschiedliche Polung der beiden Sonnenhemisphären. Ungefähr alle 11 Jahre (Schwabe-Zyklus) bricht das Magnetfeld der Sonne zusammen und es findet beim Neuaufbau eine Umpolung statt, so dass nach 22 Jahren (Hale-Zyklus) wieder die ursprüngliche Ausrichtung vorliegt.

2.3.3 Sonnenflecken – Entstehung und Einteilung

Sonnenflecken wurden das erste Mal nach der Erfindung des Teleskopes im 17. Jahrhundert von Galileo Galilei beschrieben. Hierbei handelt es sich um dunkle Flecken auf der Sonnenoberfläche, die eine Folgeerscheinung der magnetischen Aktivität sind.

Durch die differentielle Rotation werden die Magnetfeldlinien immer stärker aufgewickelt und rücken vor allem am Äquator enger zusammen. Daraufhin steigt die magnetische Feldstärke bis zu einem kritischen Punkt an, indem durch physikalische und thermodynamische Effekte die Feldlinien aufsteigen und die Sonnenoberfläche durchstoßen. Danach krümmen sich die Feldlinien zur Sonnenoberfläche zurück und tauchen wieder in das Plasma ein. Die Krümmung reicht bis weit ins All hinein und wird begleitet von ionisiertem Gas, welches am Sonnenrand als Protuberanzen in mattem Leuchten sichtbar wird. Dabei wird der Verlauf der Magnetfeldlinien durch die Materieströme sichtbar nachgezeichnet. Die

Durchstoßpunkte sind als Sonnenflecken erkennbar und idealerweise entstehen zwei Flecken mit umgekehrter magnetischer Polarität. Dies wird als bipolare magnetische Region (BMR) angesprochen, wobei die Feldlinien bei dem vorauslaufenden Fleck aus der Sonne heraus gerichtet sind und bei dem nachlaufenden Fleck in die Sonne hinein zeigen. Durch die Störung im Magnetfeld wird die Konvektion unterdrückt, so dass der Fleck kühler als seine Umgebung ist, weniger Strahlung emittiert und demnach für den Beobachter auf der Erde dunkel erscheint.

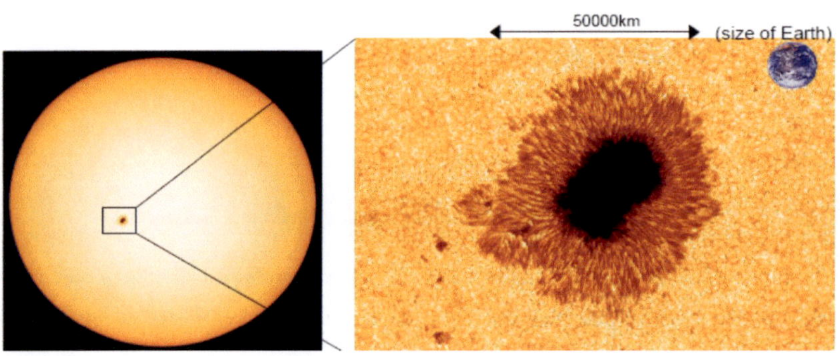

Abb. 8: Nahaufnahme eines Sonnenflecks des Weltraumteleskops Hinode vom 4.11.2006. Der Sonnenfleck besteht aus der Umbra (schwarz) und der Penumbra (rötlich). Umgeben wird der Fleck von der ruhigen Oberfläche der Sonne mit ihrer Granulation. Im Vergleich zur Größe des Flecks ist oben rechts die Erde eingefügt.

Quelle: NASA (http://www.nasa.gov/pdf/455157main_SMIII_Problem30.pdf)

Ein idealer Fleck besitzt einen schwarzen Kern, die sogenannte Umbra. In dem Bereich der Umbra treten die Feldlinien senkrecht aus der Oberfläche heraus, wodurch die Behinderung der Konvektion am größten ist. Dies wird durch die verminderte Temperatur von 4000-4300K zu 5600-5900K auf der ruhigen Sonnenoberfläche bestätigt. Um die Umbra folgt die Penumbra, welche durch verringerten magnetischen Einfluss mit 4600-4800K etwas wärmer ist und daher grau/rötlich erscheint (Abb. 8). Die Sonnenflecken können eine Größe von 2.000 bis 50.000km Durchmesser erreichen und sind somit teilweise deutlich größer als der Durchmesser der Erde (Durchschnitt 12.735km). Oberhalb eines Sonnenfleckes ist auch die Temperatur der Photosphäre verringert, was zur Folge hat, dass eine Wilson-Depression entsteht und man ca. 350-400km tiefer in die Sonnenatmosphäre hineinblicken kann.

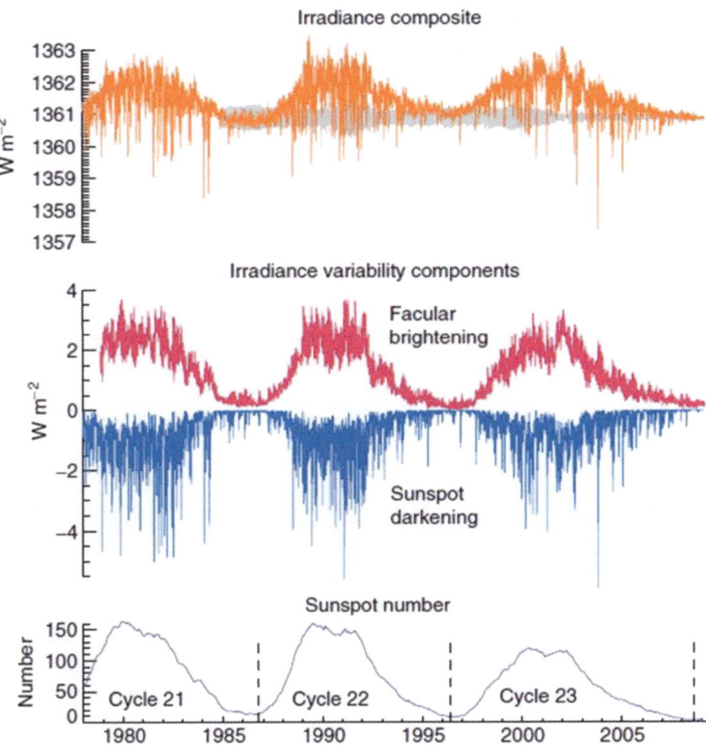

Abb. 9: Der Energiehaushalt der Sonne. Das erste Diagramm stellt die Veränderung der totalen solaren Strahlungsintensität (TSS) in Abhängigkeit der Zeit da. Das mittlere Diagramm zeigt den positiven Einfluss der Fackeln (inklusive Protuberanzen) und den negativen Einfluss der Sonnenflecken auf die solare Strahlungsintensität. Zur besseren Orientierung werden im unteren Diagramm die drei entsprechenden Sonnenfleckenzyklen mit Jahreszahlen dargestellt. Kernaussage der Diagramme ist, dass die Verstärkung der TSS durch Fackeln und Protuberanzen gegenüber der Abschwächung durch die Sonnenflecken überwiegt und sich dadurch die TSS in der gleichen Phase mit dem Sonnenfleckenzyklus verändert.

Quelle: verändert nach Lean, 2010, S. 112

Des Weiteren entwickeln sich mit den Sonnenflecken auch vermehrt Protuberanzen und Fackeln, welche eine höhere Energie abstrahlen (Abb. 9). Der Effekt ist mit ungefähr $2\frac{W}{m^2}$ größer als die Verminderung von $1\frac{W}{m^2}$ der Strahlung durch die Sonnenflecken und zieht eine Erhöhung der Gesamtenergieabstrahlung um 0,1% nach sich (Lean, 2010; Sirocko, 2013). Allerdings sind im UV-Bereich und im ultrakurzwelligen Bereich der Sonnenstrahlung deutlich größere Änderungen festzustellen (siehe Kapitel 4.2).

Die Sonnenflecken werden nach der Züricher Klassifikation vom Herrn Max Waldmeier in verschiedene Klassen eingeteilt (Stix, 2004, S. 284 ff.). Die Abbildung 10 visualisiert die folgende Beschreibung der Einteilung. Bis zu den Sonnenflecken der Klasse F kommt es zu einer Steigerung, danach zu einer Abnahme der Anzahl.

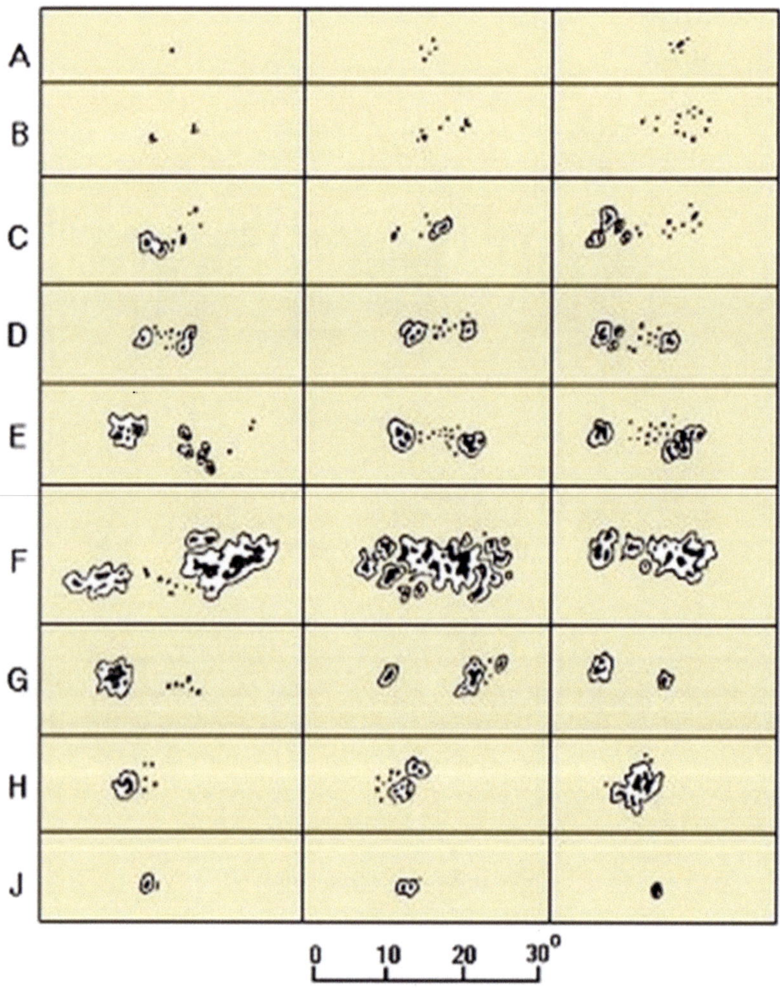

Abb. 10: *Klassifikation der Sonnenflecken nach Waldmeier. Die Bildfolge der jeweiligen Kategorie gibt die zeitliche Veränderung der Sonnenflecken wieder und die Gradzahlen die Größe.*

Quelle: http://www.baader-planetarium.de/zubehoer/zubsonne/sonne/fleck/fleck-2.htm

Klasse A: Ein einzelner Sonnenfleck oder eine unipolare Gruppe ohne Penumbra.

Klasse B: Eine kleine bipolare Gruppe von Sonnenflecken ohne Penumbra.

Klasse C: Eine kleine bipolare Gruppe von Sonnenflecken, bei der ein Fleck eine Penumbra besitzt.

Klasse D: Eine kleine bipolare Gruppe von Sonnenflecken, bei der zwei Flecken eine Penumbra aufweisen. Die Gruppe hat eine scheinbare Länge unter 10°.

Klasse E: Eine größere bipolare Gruppe von Sonnenflecken, bei der mehrere Flecken eine Penumbra haben. Die Gruppe hat eine scheinbare Länge von 10° bis 15°.

Klasse F: Eine sehr große bipolare Gruppe von Sonnenflecken, bei der viele Flecken eine Penumbra aufweisen. Dadurch vereinigen sich mehrere Penumbras zu einer großen. Die Gruppe hat mindestens eine scheinbare Länge von 15°.

Klasse G: Eine größere bipolare Gruppe von Sonnenflecken mit einem Hauptfleck, umgeben von einer Penumbra mit der Eigenschaft, sich in mehrere Einzelflecken aufzuspalten.

Klasse H: Ein unipolarer Sonnenfleck mit Penumbra, der einen Durchmesser von mehr als 2,5 Breitengraden besitzt.

Klasse I: Ein unipolarer Sonnenfleck mit Penumbra, der einen Durchmesser von weniger als 2,5 Breitengraden besitzt.

Die Gesamtzahl der Sonnenflecken unterliegt einem Zyklus, der im Mittel von Minimum zu Minimum 11 Jahre beträgt, in Wirklichkeit aber zwischen 9 bis 14 Jahren schwankt und als Schwabe-Zyklus bekannt ist (Abb. 11). Die physikalische Ursache für die Variation im Sonnenfleckenzyklus wird wahrscheinlich durch die Schwerkraft des Planetensystems ausgelöst. Hierbei liegt eine Beeinflussung durch den massereichsten Planet unseres

Sonnensystems, dem Jupiter, nahe, welcher die Sonne alle 11,8 Jahre umkreist. Der Züricher Astronom Rudolf Wolf legte den Beginn eines Zyklus auf das Minimum fest und nummerierte die Zyklen durch, angefangen mit dem ersten Zyklus im Jahr 1755. Das Jahr 2013 befindet sich somit im 24. Zyklus und gerade nahe dem Maximum. Innerhalb eines Zyklus treten die Sonnenflecken zuerst in etwa 30 bis 40 Grad nördlicher und südlicher Breite auf und wandern anschließend mit Zunahme der Anzahl dieser zum Sonnenäquator. Stellt man die Verknüpfung nach heliographischer Breite in Abhängigkeit von der Zeit dar, erhält man ein typisches Schmetterlingsdiagramm (Abb. 12).

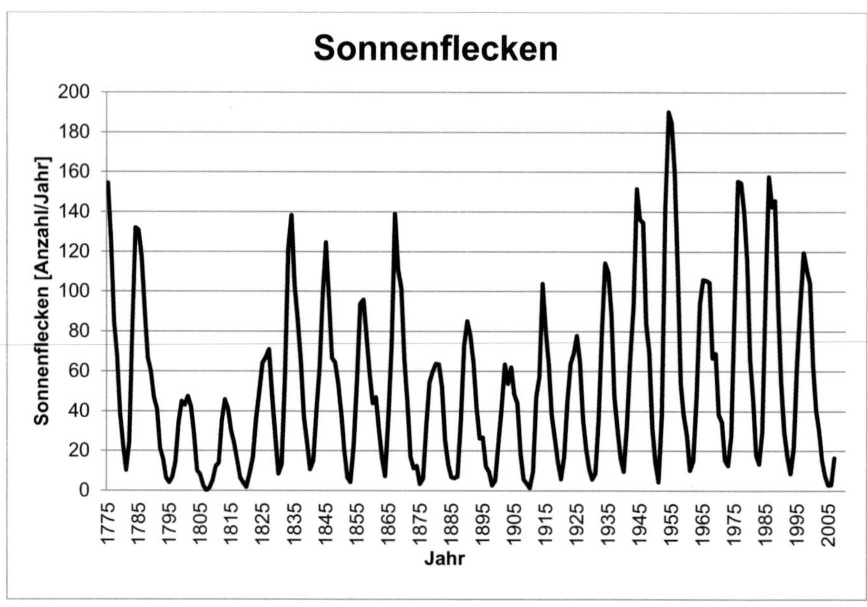

Abb. 11: Darstellung des jährlichen Sonnenfleckenzyklus seit 1775 bis 2010.

Quelle: Eigendarstellung nach SIDC (http://www.sidc.be/sunspot-data/)

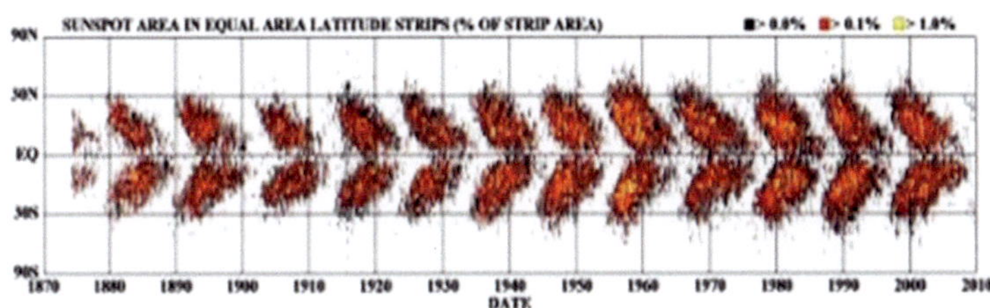

Abb. 12: Schmetterlingsdiagramm für das Auftreten der Sonnenflecken in Abhängigkeit der Zeit. Dabei ist sehr gut zu sehen, wie die Sonnenflecken innerhalb eines Zyklus immer mehr zum Sonnenäquator wandern.

Quelle: NASA (http://solarscience.msfc.nasa.gov/SunspotCycle.shtml)

3) Datenquellen und Methodik

Alle verwendeten Datensätze liegen als Excel-Dateien auf der beigefügten DVD bereit. Zu finden sind diese unter: Die kompletten Daten, Unterordner Teil 1, verwendete Datensätze. Des Weiteren ist die komplette Übersichtsdatei, mit der Parallelisierung aller verwendeten Datensätze, im Anhang A angefügt. Allerdings empfiehlt sich wegen der limitierten Darstellungsmöglichkeiten in Microsoft Word die Ansicht der Datei mittels Excel. Auch diese ist auf der DVD in dem Ordner: Übersichtstabelle mit allen verwendeten Datensätzen einzusehen. Alle Datensätze gehen, wenn nicht anders gekennzeichnet, bis 1775 zurück.

3.1 Rhein-Daten

Der Datensatz des Rheineises beruht auf einer persönlichen Recherche im Zuge der Veröffentlichung von Sirocko et al., „Solar Influence on winter severity in central Europe". Hierbei wurde die historische Dokumentation der Eiswinter des Rheins bis 1775 untersucht und in Packeis und begehbares Eis unterteilt. Von den insgesamt 28 Eiswintern konnten 14 dem Packeis und 14 dem begehbaren Eis zugeordnet werden. Für eine graphische Verwendung der Daten wurden die Jahreszahlen in einfache Zahlen übertragen. Hierbei steht 0 für kein Eis, 1 für Packeis und 2 für begehbares Eis. Die Vorgehensweise wurde bei allen punktuell auftretenden Ereignissen angewendet und kann in der Übersichtstabelle eingesehen werden.

3.2 Bodensee-Daten

Die Daten für den Eisgang auf dem Bodensee, sogenannte Seegfrörni, wurden aus zwei Quellen zusammengetragen. Zum einen aus der Publikation von Werner Dobras aus dem Jahre 1983 „Wenn der ganze Bodensee zugefroren ist.... Die Seegfrörnen von 875-1963" und zum anderen aus dem Internetauftritt der Stadt Steckborn (http://www.alt-steckborn.ch/bodenseegfroerni.html). Hier wurde insbesondere der Vortrag von Herrn F. Bolt, anlässlich der Versammlung der Heimatvereinigung vom 26. November 1950 in Salenstein analysiert.

3.3 Ostseeeis-Daten

Die Datengrundlage bildet hierbei die Veröffentlichung von G. Koslowski und R. Glaser et al., „Variations in reconstructed winter severity in the western Baltic from 1501 to 1995 and their implications from the North Atlantic Oscillation". In dem Paper wurden Variationen der Ausbreitung der Eisfläche an der deutschen Ostseeküste untersucht und mithilfe einer Indexzeitreihe klassifiziert. Die Rohdaten zu dem Paper wurden mir freundlicherweise vom Herrn Glaser persönlich zur Verfügung gestellt. Anschließend wurde die Klassifizierung der in dieser Diplomarbeit verwendeten Unterteilung der Eiswinter angepasst.

3.4 Sonnenflecken-Daten

Die Sonnenfleckenzeitreihe ist der öffentlichen Datenbank der SIDC, „World Data Center for the Sunspot Index, Royal Observatory of Belgium", entnommen. Die Daten werden unter http://www.sidc.be/sunspot-data/ kostenlos für den wissenschaftlichen und privaten Gebrauch zur Verfügung gestellt und liegen in monatlicher Auflösung vor. Die Zeitreihe geht dabei auf den Direktor der Züricher Sternwarte Professor M. Waldmeier zurück, welche er 1961 in dem Buch „The sunspot-activity in the years 1610-1960" veröffentlichte. Danach wurde und wird die Zeitreihe monatlich von der SIDC weitergeführt. Die Daten berechnen sich dabei aus der Sonnenflecken-Relativzahl R, welche von Rudolf Wolf definiert wurde. Sie ist festgelegt als die Summe aller sichtbaren Sonnenflecken auf der Sonne s, der mit 10 multiplizierten Zahl der Sonnenfleckengruppen g und einem Korrekturfaktor K. Als allgemeine Gleichung geschrieben: $R = K (10g + s)$.

3.5 NAO-Daten

Genau wie die Sonnenfleckendaten stehen die NAO-Daten im Internet kostenlos für wissenschaftliche und private Zwecke zur Verfügung. Im Rahmen dieser Arbeit wurde auf die Zeitreihe von J. Luterbacher et al., „Extending North Atlantic Oscillation Reconstructions back to 1500" zurückgegriffen. Die Daten sind auf der Homepage der NOAA unter ftp://ftp.ncdc.noaa.gov/pub/data/paleo/historical/north_atlantic/nao_mon.txt bereitgestellt und wurden ab dem Jahr 1775 verwendet. Hierbei handelt es sich um einen ganzjährigen, monatlich aufgelösten NAO-Index, der bis in das Jahr 1900 auf einer Kombination verschiedener Rekonstruktionen beruht und ab 1901 instrumentell gemessen wurde. Die instrumentell gemessenen Daten von 1901 bis 2001 wurden der Publikation von Trenberth und Paolino et al., 1980 (aktualisiert) entnommen. Dabei beruhen die Daten auf einer genormten Differenz des Luftdruckverlaufs auf Meereshöhe zwischen dem Durchschnitt von 5 Gitterpunkten in einem 5° mal 5° großen Längengrad-Breitengrad-Raster über den Azoren und über Island (Abb. 13). Die rekonstruierten Daten beziehen sich auf hochaufgelöste Dokumente verschiedener Klimaparameter wie Wolkenbedeckung, Schnee- und Eisbedeckung sowie biologische Beobachtungen. Kalibriert wurden die rekonstruierten Daten mittels der instrumentell gemessenen Daten in dem Zeitraum von 1901 bis 1960. Für die genaue mathematische Vorgehensweise wird auf die Veröffentlichungen von Jones et al. (1999) und Luterbacher et al. (2001) verwiesen.

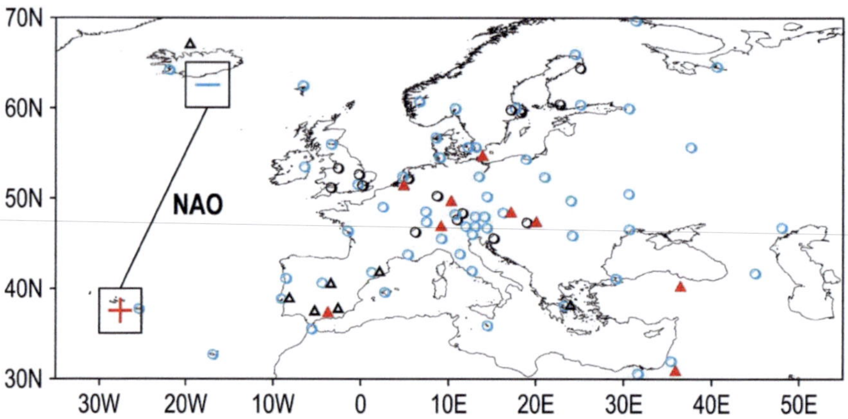

Abb. 13: Verteilung der verwendeten Datenstationen über Eurasien zur Berechnung der NAO-Zeitreihe nach Luterbacher. Kreise repräsentieren instrumentell gemessene Datenreihen, wobei schwarze Kreise für Temperatur und Niederschlagszeitreihen und blaue Kreise für Druckzeitreihen stehen. Die Dreiecke markieren Orte mit hochaufgelösten, historischen Aufzeichnungen. Die roten Dreiecke zeigen Stationen mit Chroniken für die Zeit vor 1659 an.

Quelle: Luterbacher et al., 2002

Auf den Datensatz von Hurell wurde nicht zurückgegriffen, da dieser nur bis zu dem Jahr 1865 zurückgeht. Auch entsprach der Datensatz von Cook nicht den Anforderungen einer ganzjährigen, monatlichen Auflösung. Alle weiteren bekannten Datensätze wie zum Beispiel Appenzeller et al. (1998) oder Glueck und Stockton (2001) erfüllten ebenfalls nicht die notwendige Vorrausetzung der monatlichen Auflösung für den gesamten

Beobachtungszeitraum. Der Datensatz von Luterbacher besitzt somit die Besonderheit, den kompletten Zeitraum abzudecken und zeitgleich in einer monatlichen Auflösung vorzuliegen. Dies ist bei dem jetzigen Stand der Datengrundlage einzigartig.

3.6 Baur-Temperatur-Daten

Die Daten der Temperaturzeitreihe wurden größtenteils von Prof. F. Baur zusammengestellt und nach seinem Tod im Jahre 1977 von der Freien Universität Berlin weitergeführt. Dankenswerterweise sind mir die kompletten Rohdaten von Prof. Dr. Andreas H. Fink vom Institut für Geophysik und Meteorologie der Universität Köln bereitgestellt worden. Der Datensatz ist aus dem Mittelwert der Messungen von vier Stationen entstanden. Namentlich sind diese De Bilt, Potsdam, Basel und Wien, welche bewusst ausgewählt wurden, um eine homogene Temperatur für Mitteleuropa zu erhalten. Somit unterliegen die Daten keiner Rekonstruktion und sind besonders für Deutschland geeignet, da sich dieses Land im Zentrum der vier Stationen befindet. Allerdings sollte im Hinterkopf behalten werden, dass die Genauigkeit der Daten mit der Zeit abnimmt, insbesondere durch den Effekt, dass für den Mittelwert nur vier Stationen herangezogen werden. Der generelle Trend hingegen bleibt davon unbeeinflusst.

3.7 Niederschlag-Daten

Die Niederschlag-Daten wurden mir ebenfalls von Prof. Dr. Andreas H. Fink vom Institut für Geophysik und Meteorologie der Universität Köln zur Verfügung gestellt. Der Datensatz beschreibt den monatlichen mittleren Niederschlag in mm für Deutschland bis ins Jahre 1851. Dabei setzt sich der Mittelwert aus den Messungen der folgenden 14 Stationen zusammen: Emden, Kiel, Kleve, Gütersloh, Hannover, Berlin-Dahlem, Kassel, Erfurt, Dresden, Trier, Frankfurt am Main, Bayreuth, Karlsruhe, München-Nymphenburg. Allerdings liegen keine Rohdaten der einzelnen Stationen vor, sondern nur der Mittelwert aller Stationen. Ab 1996 wurden die Bezugsstationen in Norderney, Schleswig, Warnemünde, Hannover, Potsdam, Essen, Cottbus, Trier, Frankfurt am Main, Gera, Nürnberg, Passau, Freiburg und München geändert und ab 2003 die Station Freiburg gestrichen. Trotz der Veränderung der

Messstationen sind aus statistischer Sicht die neuen Messstationen genauso repräsentativ für den Mittelwert von Deutschland wie die ursprünglichen Stationen.

3.8 El-Niño-Daten

Die El-Niño-Daten sind aus der öffentlichen Datenbank der NOAA entnommen und werden unter ftp://ftp.ncdc.noaa.gov/pub/data/paleo/climate1500ad/ch32.txt zur Verfügung gestellt. Sie beziehen sich auf die Publikation von W. H. Quinn und V. T. Neal et al., „The Historical record of EL Nino events". In dem Datensatz werden alle El-Niño-Jahre verschiedener Publikationen zusammengetragen und mit ihren zugehörigen Referenzen aufgelistet. Übertragen wurden die Daten ab 1775 und nur wenn mehr als 2 Referenzen für das jeweilige Jahr vorlagen. Nach 1987 werden die Daten durch das Monitoring der NOAA ergänzt. Diese sind unter folgender Adresse zu finden: http://www.cpc.ncep.noaa.gov/products/analysis_monitoring/ensostuff/ensoyears.shtml.

3.9 Vulkan-Daten

Die Datengrundlage der Vulkanreihe bildet die Publikation von T. J. Crowley et al., „Causes of Climate Change Over the Past 1000 Years", welche unter der Adresse http://www.ncdc.noaa.gov/paleo/pubs/crowley.html zugänglich ist. Die Daten sind aus dem radioaktiven Einfluss der vulkanischen Aerosolpartikel auf Eiskerne rekonstruiert worden. Dabei spiegelt die Rekonstruktion den vulkanischen Verlauf der Nordhalbkugel der letzten 1000 Jahre wider, aus dem die Daten der Jahre von 1998 bis 1775 extrahiert wurden und in der vorliegenden Diplomarbeit Verwendung finden.

3.10 Methodik

Der Beobachtungszeitraum wurde der zugrunde liegenden Publikation angepasst und bezieht sich somit auf die Jahre ab 1775. Nachdem die verschiedenen, unabhängigen Datensätze durch eine Internetrecherche oder durch persönlichen Kontakt mit dem Autor vorlagen, wurden diese in eine MS Excel-Datei übertragen und in ein einheitliches Format gebracht. Hierbei war es notwendig, alle punktuell auftretenden Ereignisse in ein computergeeignetes Format zu transferieren, welches durch die Anpassung der Daten in Zahlen von 0, 1 und 2 vollzogen wurde. Wo kein aus den Originaldaten jährlicher, saisonaler oder Winter-Index zur Verfügung stand, wurde dieser durch entsprechende Berechnung der monatlichen Daten gebildet. Bei allen Winter-Zeitreihen beziehen sich die Jahresangaben immer auf das Jahr, in das der Januar fällt. Saisonale Reihen sind mit den Anfangsbuchstaben der jeweiligen Monate gekennzeichnet, wie z. B. MAMa für März, April, Mai steht.

Danach wurden die gegenseitigen Einflüsse und Abhängigkeiten insbesondere auf die Temperatur und den Niederschlag jährlich, saisonal und monatlich (wenn möglich) untersucht. Im Zuge dessen wurde der gesamte Datensatz in der Übersichtsgrafik zueinander korreliert. Zusätzlich wurden auch die Extremwerte, welche auf jeweils eine Klimaperiode, sprich 30 Jahre, festgesetzt wurden, analysiert.

Der dazugehörige statistische Test, die Bootstrap-Methode, wurde simultan aus dem zugrunde liegenden Paper übernommen und bei verschiedenen Ergebnissen angewendet. Hierbei werden die zu überprüfenden Ergebnisse auf ihre Signifikanz hin untersucht, wobei in der Statistik die Signifikanz für eine „Überzufälligkeit" steht. Bei der Methode wird die gleiche Anzahl an zufällig ausgewählten Jahren aus dem gesamten Datensatz, wie dem zu überprüfenden Ergebnis entsprechend, mit dem dazugehörigen Parameter verglichen. Der Vorgang wird 10.000 Mal wiederholt, wodurch die Ergebnisse eine Wahrscheinlichkeitsverteilung von zufälligen Übereinstimmungen mit dem gewählten Parameter generieren. Die so entstandene Wahrscheinlichkeitsverteilung wird mit dem ursprünglichen Zusammenhang verglichen. Die Prozentzahl von zufälligen Proben mit einer höheren Übereinstimmung ist dann das Maß für die Wahrscheinlichkeit eines zufälligen Zusammenhangs. Das Ergebnis wird mit dem sogenannten „p-Wert" dargestellt, welcher angibt, wie extrem das Ergebnis ist. Je kleiner der Wert, desto größer ist die „Überzufälligkeit" und spricht gegen die Nullhypothese. Statistisch ausgedrückt ist dies der p-Wert des Hypothesentests mit der 0-Hypothese „kein Zusammenhang zwischen Parameter a und Parameter b".

An einem konkreten Beispiel lässt sich die Bootstrap-Methode leichter nachvollziehen. Bei der Überprüfung der Eiswinter des Rheins der Stufe 2 konnte festgestellt werden, dass 10 von 14 Eiswintern in unmittelbarer Nähe eines SFM (-1 Jahr und +2 Jahre um das SFM) auftreten. Das Ergebnis stellt den zu überprüfenden Ausgangswert da. Anschließend werden 14 zufällige Jahreszahlen ausgewählt und mit dem Sonnenfleckendatensatz abgeglichen. Entscheidend ist dabei nur, wie viele zufällig ausgewählte Jahreszahlen einem SFM zugerechnet werden. Danach wird die Vorgehensweise 10.000 Mal wiederholt. Abschließend zeigt das Ergebnis an, wie oft in den 10.000 Wiederholungen ein höherer Zuordnungswert zu einem SFM als bei dem Ausgangswert erreicht wurde. In unserem Beispiel ist das Ergebnis mit 0,0046 sehr klein, weshalb eine große statistische Signifikanz besteht und somit ein zufälliges Auftreten der Eiswinter nahezu ausgeschlossen werden kann.

Ist der p-Wert kleiner als 0,05 (0,01) [0,001], so wird von einer Signifikanz (hoch signifikant) [höchst signifikant] des Zusammenhangs auf dem 95% (99%) [99,9%] Konfidenzlevel gesprochen. Die Analyse der rechenintensiven Bootstrap-Methode wurde mit dem Statistikprogramm R durchgeführt und die dazugehörigen programmierten Codes sind im Anhang B aufgelistet.

Der Referenzzeitraum für die Bootstrap-Methode wurde immer der kürzesten Zeitreihe angepasst und in der vollen Länge untersucht. Eine Ausnahme hiervon bilden die Analysen der Sonnenflecken. Um dem Effekt des Klimawandels aus dem Weg zu gehen, der das „natürliche" Signal der Sonnenflecken überdecken könnte, wurden nur die Jahre von 1775 bis 1970 betrachtet, da auch alle Eis-Events des Rheins und des Bodensees in den ausgewählten Zeitraum fallen. Dies gilt allerdings nicht für die Analyse der Eiswinter in Bezug auf die Ostsee, da in dem speziellen Fall auch Eiswinter nach 1970 stattgefunden haben. Aus diesem Grund wurde für die Ostsee der komplette Zeitraum der Sonnenflecken als Referenzzeitraum angegeben.

4) Auswertung der Daten

Alle aussagekräftigen Ergebnisse werden in diesem Kapitel thematisiert und mit Grafiken belegt. Da hierbei nur eine Auswahl vorgestellt wird, befindet sich die komplette Analyse der Datensätze mittels MS Excel und Adobe Illustrator auf der beigefügten DVD unter: Die kompletten Daten, Unterordner Teil 1, untersuchte Zusammenhänge.

4.1 NAO vs. Temperatur und Niederschlag

In der Literatur gilt der Einfluss der NAO auf das Klima in Mitteleuropa, hauptsächlich im Winter, als gesichert und als einer der dominierenden Faktoren (Sillmann, 2011; Sirocko, 2013). Der Einfluss der NAO findet sich eindeutig in den untersuchten Daten wieder, vor allem für die Temperatur ist ein höchst signifikanter Zusammenhang nachweisbar, aber auch für den Niederschlag besteht eine gewisse Korrelation.

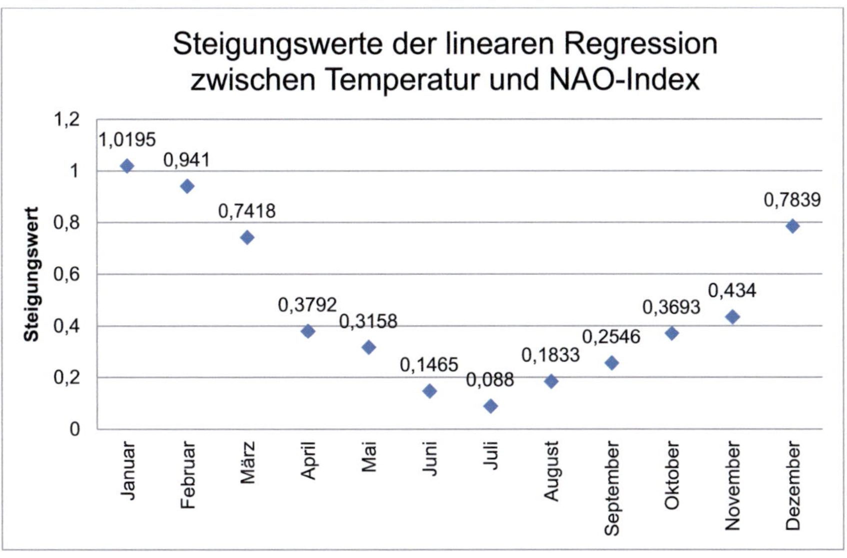

Abb. 14: Darstellung der monatlichen Steigungswerte der linearen Regressionsgeraden zwischen der Temperatur [Baur] und dem NAO-Index [Luterbacher, 2002]. Auffällig ist der kontinuierliche Verlauf zwischen dem Maximum im Winter und dem Minimum im Sommer.

Bei dem Plot der monatlichen Temperatur gegen den monatlichen NAO-Index von 1775 bis 2001 konnte ein direkter Zusammenhang festgestellt werden (Abb. 14). Vor allem in den

Wintermonaten korreliert die Temperatur mit dem NAO-Index höher als in den Sommermonaten. Allerdings war das größte Problem die Darstellung der Daten. Denn die analysierten Zusammenhänge sind zu gering, um eine statistische Signifikanz anzeigen zu können, lassen aber in der Auswertung einen klaren jahreszeitlichen Trend erkennen. Aus diesem Grund erfolgt die graphische Darstellung als Beziehung zwischen den monatlichen Steigungswerten der linearen Regressionsgeraden und den dazugehörigen Monaten. Durch diese Art der Betrachtung kann der monatliche Trend optimal visualisiert werden.

Jahreszeit	Temperatur	NAO-Index	P-Wert	Bootstrap-Analyse
Winter	30 kälteste Jahre	28 Mal negativ	0	Höchst signifikant
	30 wärmste Jahre	27 Mal positiv	0	Höchst signifikant
Frühjahr	30 kälteste Jahre	27 Mal negativ	0,0002	Höchst signifikant
	30 wärmste Jahre	19 Mal positiv	0,0033	Hoch signifikant
Sommer	30 kälteste Jahre	14 Mal negativ	0,217	Nicht signifikant
	30 wärmste Jahre	22 Mal positiv	0,0922	Nicht signifikant
Herbst	30 kälteste Jahre	25 Mal negativ	0,0001	Höchst signifikant
	30 wärmste Jahre	20 Mal positiv	0,0223	Hoch signifikant

Tab. 1: Beeinflussung der saisonalen Extremwerte [Baur] durch die Ausrichtung des Quartalen-NAO-Indexes [Luterbacher, 2002] . Vor allem im Winter ist der Einfluss eines negativen NAO-Wertes mit kalten Temperaturen verknüpft. Die Kopplung ist zwar das ganze Jahr über vorhanden, allerdings im Sommer deutlich abgeschwächt.

Durch den Fakt, dass negative Temperaturen mit einem negativen NAO-Index verbunden sind und umgekehrt kommt es je nach Ausprägung der Beziehung zu einem größeren oder kleineren Steigungswert der linearen Regressionsgerade des jeweiligen Monats. Der gleiche Mechanismus wurde bei allen folgenden Regressionsanalysen zu Grunde gelegt und der jeweiligen Datenanalyse angepasst. Der größte Steigungswert wurde für den Januar, der geringste für den Juli festgestellt (Abb. 14). Dadurch wird auch die Annahme bestätigt, dass die NAO hauptsächlich das Winterklima beeinflusst und eine geringere Rolle im Sommer spielt, obwohl der Mechanismus ganzjährig aktiv ist. Beim Betrachten der monatlichen Tendenz ist auffällig, dass die Werte von Januar bis Juli kontinuierlich abnehmen und danach ebenso kontinuierlich wieder ansteigen. Dabei zeichnen sich die Monate Dezember, Januar, Februar und März durch einen höheren Steigungswert aus. Des Weiteren konnte untersucht werden, dass der Trend nur bei einem monatlichen Vergleich beobachtet werden kann, auf jährlicher Ebene ist eine differenzierte Betrachtung des Wintereinflusses natürlich nicht möglich und es stellt sich keine Beziehung ein.

Anschließend wurden die 30 wärmsten und kältesten Temperaturen auf saisonaler Ebene extrahiert und mit den dazugehörigen NAO-Werten verglichen (Tab. 1). Die erste Spalte der Tabelle 1 gibt die Jahreszeit an, die zweite Spalte unterscheidet je nach Jahreszeit die 30 kältesten und wärmsten Jahre, die dritte Spalte zeigt die Ausrichtung der zugehörigen jahreszeitlichen NAO an, wobei die Verbindung von kalten Temperaturen zu einem negativen NAO-Index und von warme Temperaturen zu einem positiven NAO-Index aufgeschlüsselt ist. Hierbei ist nur von Bedeutung, welche Ausrichtung, sprich positiv oder negativ, der Quartale-NAO-Index in den Extremjahren besitzt. Die zwei letzten Spalten analysieren mittels Bootstrap-Methode die aufgeschlüsselten Ergebnisse. Dabei steht der P-Wert für das Ergebnis der Bootstrap-Methode, nachdem die Einteilung in die Signifikanzstufen erfolgt.

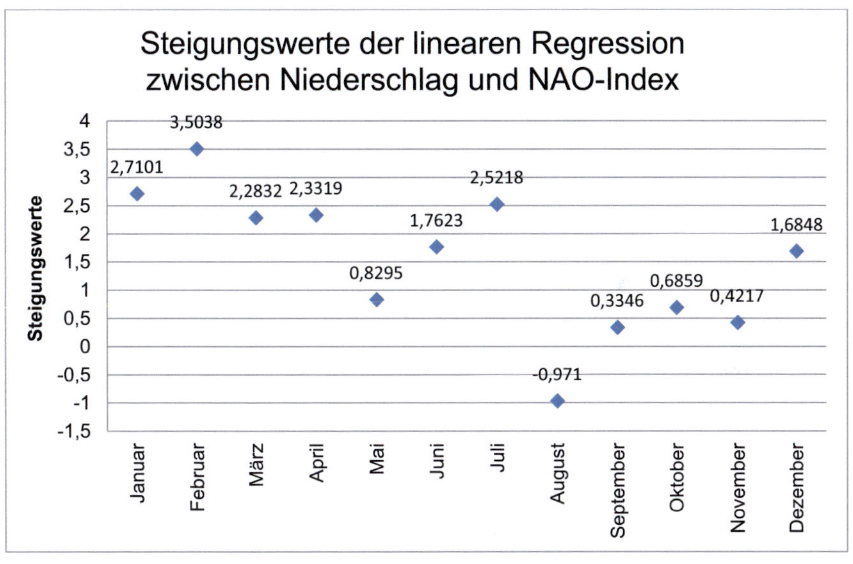

Abb. 15: Darstellung der monatlichen Steigungswerte der linearen Regressionsgeraden zwischen dem Niederschlag von Deutschland [Datensatz der Uni Köln] und dem NAO-Index [Luterbacher, 2002]. Die Werte zeigen zwar eine leichte Erhöhung im Winter an und sind im Sommer und Herbst, mit Ausnahme des Monats Juli, verringert, nichtsdestotrotz liegt in diesem Fall nur eine leichte Korrelation vor.

Bei der Analyse wird der direkte Einfluss der NAO auf das saisonale Klima von Mitteleuropa belegt. Es ist eindeutig zu erkennen, wie ein negativer NAO-Index mit einer verminderten Temperatur verbunden ist, sich saisonal ändert und im Winter höchst signifikant ist. Umgekehrt besitzen die wärmsten Winter auch eine höchste Signifikanz zu positiven NAO-Werten. Auffällig ist, dass diese Beziehungen auch im Frühjahr und Herbst hoch bzw. höchst signifikant sind und sich nicht ausschließlich auf den Winter beschränken. Im Sommer sind die Korrelationen abgeschwächt und weisen keine Signifikanz auf, obwohl der Trend zu warmen Sommern in Verbindung mit einem positiven NAO weiterhin besteht. Der größte Unterschied ergibt sich bei der Betrachtung der kältesten Jahre, welche nicht mit einem negativen NAO einhergehen.

Bei dem monatlichen Vergleich des Niederschlages mit dem NAO-Index seit 1851 stellt sich ebenfalls eine gewisse Korrelation ein. Diese ist zwar deutlich schwächer ausgeprägt als der Vergleich mit den Temperaturdaten, dennoch bei detaillierter Betrachtung ersichtlich. Bevorzugt in den Winter- und Frühjahrmonaten sind leicht erhöhte Steigungswerte festzustellen, mit dem Maximum im Februar (Abb. 15). Der Mai fällt aus der Reihe heraus und zeigt einen geringen Zusammenhang, bevor die Werte im Juni und Juli, etwas überraschend, wieder ansteigen. Von August bis November ist der Zusammenhang abgeschwächt, besitzt im August sogar einen negativen Steigungswert und bestätigt somit den verminderten Einfluss der NAO auf das Sommerhalbjahr.

Eine Präzisierung des Zusammenhanges konnte mithilfe der NAO-Werte erreicht werden. Sortiert man die monatlichen NAO-Indexzeitreihen nach ihren Werten, ordnet diesen den zugehörigen Niederschlag zu, extrahiert sowohl die 30 geringsten und höchsten NAO Werte und vergleicht anschließend den Durchschnittsniederschlag miteinander, ergibt sich aus der Differenz der beiden Werte die Grafik 16. Das direkte Maß für die Niederschlagsbeeinflussung in Deutschland durch die Extremwerte der NAO zeigt ebenfalls das Maximum im Winter an und die Abschwächung im Sommer (ausgenommen Juli).

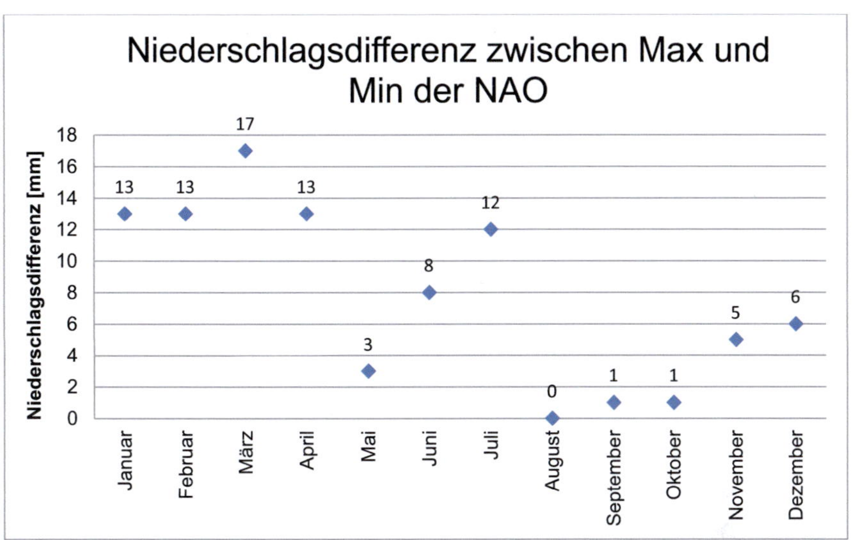

Abb. 16: Für eine bessere Visualisierung des Einflusses der NAO [Luterbacher, 2002] auf die Niederschlagsunterschiede [Datensatz der Uni Köln] von Winter zu Sommer wurde in diesem Fall die Niederschlagsdifferenz der 30 negativsten NAO-Werte zu den 30 positivsten NAO-Werten in monatlichen Bezug zueinander gesetzt. Die Niederschlagswerte beziehen sich dabei auf den Großraum Deutschland, wobei die Niederschlagsdifferenz im Winter deutlich erhöht ist gegenüber den Werten von Sommer und Herbst (ausgenommen Juli).

4.2 Sonnenflecken vs. Temperatur, Niederschlag und NAO

Der Einfluss der Sonnenaktivität auf das Klima wird in Fachkreisen nach wie vor kontrovers diskutiert und der globale als auch regionale Einfluss teilweise stark angezweifelt. Allerdings konnte in den untersuchten Daten ein geringer Einfluss der Sonnenaktivität bevorzugt auf die Temperatur, aber auch minimal auf den Niederschlag nachgewiesen werden. Der Einfluss konzentriert sich überwiegend auf die Wintermonate und ist sogar bei jährlicher Auflösung positiv korreliert. Simultan zur NAO-Auswertung wurde das Problem der sehr geringen Zusammenhänge dadurch gelöst, dass die einzelnen Steigungswerte der linearen Regressionsgeraden gegen die zugehörigen Monate geplottet wurden, um so saisonale Trends sichtbar zu machen.

Der Plot der Steigungswerte von der Temperatur gegen die Sonnenfleckenanzahl ist in Abbildung 17 dargestellt und ergibt in jedem Monat eine positive Steigung. Diese ist zwar allgemein sehr gering, aber in den Monaten Dezember bis März deutlich erhöht. Somit findet der Haupteinfluss, ähnlich wie bei dem Einfluss der NAO auf die Temperatur, im Winter statt. In allen übrigen Monaten ist der positive Einfluss abgeschwächt, mit dem Minimum im April. Das Maximum liegt dabei mit einem Wert von 0,0093 im März und ist mehr als doppelt so hoch wie alle anderen Steigungswerte der übrigen Monate.

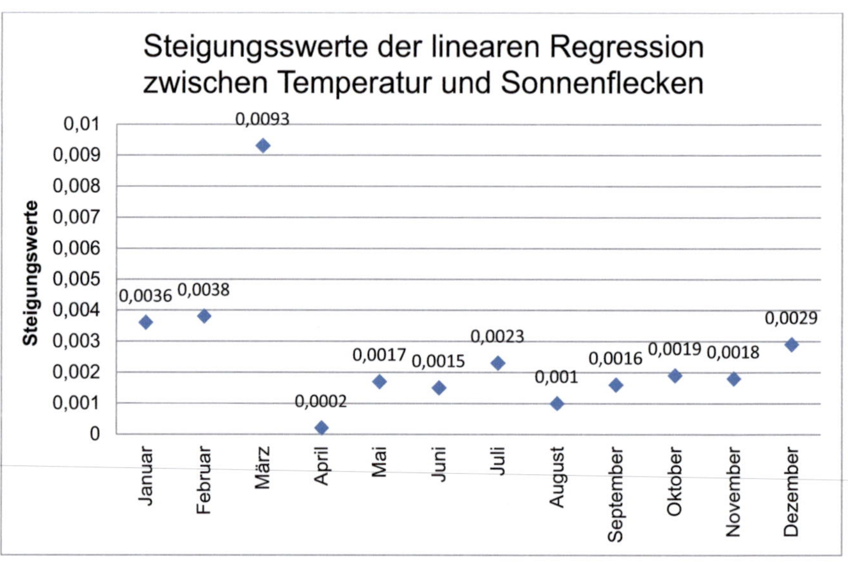

Abb. 17: Darstellung der monatlichen Steigungswerte der linearen Regressionsgeraden zwischen der Temperatur [Baur] und der Sonnenaktivität [SIDC]. Allgemein liegen die Werte auf einem sehr niedrigen Niveau, trotzdem ist ein saisonaler Trend mit einer erhöhten Übereinstimmung im Winter von Dezember bis März zu erkennen, wobei das Maximum im März deutlich über allen anderen Werten liegt.

Der Vergleich mit den Niederschlagsdaten ist dagegen schwieriger und bewegt sich allgemein auf einem sehr niedrigen Niveau. Auch in diesem Fall liegt der schwach ausgeprägte Haupteinfluss der Sonnenflecken im Winterniederschlag. Das Maximum im Dezember ist mit 0,0747 mehr als doppelt so hoch wie alle übrigen Steigungswerte und liegt wiederum im Winter. Die Steigungskoeffizienten sind für die Monate Dezember bis März zwar erhöht, wobei der Einfluss im Januar vermindert ist, verdeutlichen aber, dass die Beziehung von anderen Einflussfaktoren mindestens teilweise überlagert ist (Abb. 18). Von April bis November ist der Einfluss geringer ausgeprägt, teilweise sogar negativ korreliert. Die Werte oszillieren dabei um den Nullpunkt mit dem Minimum und einer negativen Steigung im Mai (Abb. 18).

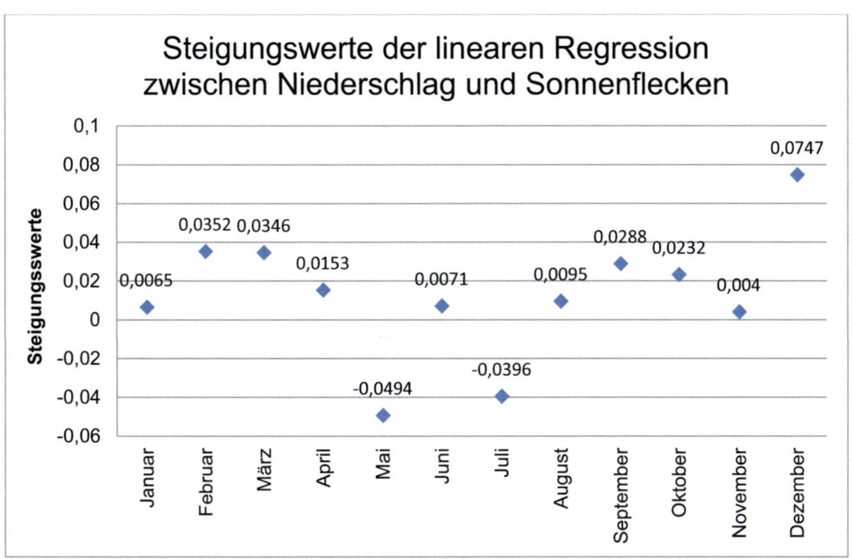

Abb. 18: Darstellung der monatlichen Steigungswerte der linearen Regressionsgeraden zwischen dem Niederschlag [Datensatz der Uni Köln] und der Sonnenaktivität [SIDC]. In diesem Fall ist der Wintertrend nur im Ansatz zu erkennen. Auf den ersten Blick fällt die Verminderung von April bis August ins Auge und die leicht erhöhten Steigungswerte von Dezember bis März, wobei der Januar herausfällt. Dies spricht im Großen und Ganzen auch für einen bevorzugten Einfluss der Sonnenflecken im Winter, zeigt aber deutlich, dass die Verbindung von anderen Faktoren überlagert ist und nur sehr schwach ausgeprägt ist.

Bei dem Plot (Abb. 19) der Sonnenfleckenzeitreihe gegen den NAO-Index musste festgestellt werden, dass keine statistische Korrelation der absoluten Werte vorliegt. Teilweise fallen Sonnenfleckenminima mit negativen NAO-Werten und teilweise mit positiven NAO-Werten zusammen. Sowohl in der Gesamtbetrachtung als auch bei der Unterteilung in variierende Zeitabschnitte ist keine längerfristige Korrelation zu erkennen. Allerdings stellt sich bei einer dreifachen Glättung der jährlichen Daten für den geowissenschaftlichen Betrachter eine Koinzidenz der Ereignisse dar. Bei der Anwendung der Definition des zugrundeliegenden Papers Sirocko et al. (2012) zur Zuordnung eines bestimmten Events zu einem SFM, sprich -1 Jahr und +2 Jahre um ein SFM, ergibt sich aus Abbildung 20, dass in 14 von 20 Fällen in unmittelbarer Nähe eines SFMs auch ein Minimum der NAO-Datenreihe auftritt.

In der Abbildung 19 und 20 ist der Vergleich zwischen dem jährlichen NAO-Index (blaue Kurve) und dem jährlichen Sonnenfleckenzyklus (rote Kurve) dargestellt. Die Grafik 19 zeigt die Gegenüberstellung der absoluten Werte, während die Abbildung 20 eine dreifache

Glättung der Daten wiedergibt. Die linke y-Achse beschreibt den NAO-Index, die rechte die Sonnenfleckenkurve. Die x-Achse ist gültig für beide Zeitreihen und gibt die zugehörigen Jahreszahlen an. In der Abbildung 19 zeigen lila hinterlegte SFM ein gleichzeitiges Minimum der NAO-Zeitreihe und orange hinterlegte SFM ein gleichzeitiges Maximum der NAO-Zeitreihe an. Des Weiteren gilt für die Abbildung 20, dass die Sonnenfleckenminima, welche im definierten Zeitraum mit einem Minimum der NAO-Zeitreihe koinzidieren, mit einem lila Balken hinterlegt sind und zusätzlich ist am oberen Ende die entsprechende Jahreszahl vermerkt. Darüber hinaus sind für eine schnellere Zuordnung die entsprechenden NAO-Minima mit einem roten Kreis markiert. Zusätzlich sind die Bereiche einer durchgehenden Übereinstimmung der beiden Zeitreihen farbig hinterlegt. Letztendlich unterteilt der horizontale schwarze Balken die Sonnenflecken in Zyklen mit erhöhter und verminderter Aktivität.

Die Auswertung der Daten zeigt Bereiche an, in denen eine durchgehende Übereinstimmung der beiden Datensätze vorliegt und Zeiten ohne größere Rückkopplung. Bei der differenzierten Betrachtung zeigt sich, dass Zyklen mit erhöhter Sonnenfleckenaktivität eine besonders hohe Übereinstimmung mit einem NAO-Minimum aufweisen. Insbesondere ist in diesem Zusammenhang der Bereich der letzten 40 Jahre mit einer lückenlosen Übereinstimmung zu erwähnen. Bei einer mittleren Anzahl von Sonnenflecken verliert die Rückkopplung an Bedeutung und der Bezug geht teilweise verloren. Des Weiteren ist auffällig, dass der Bereich des Dalton-Minimum (1790-1830) durch vermehrte negative NAO-Phasen geprägt ist. Mit einer leichten Verzögerung liegt in dem Zeitraum von 1800 bis 1832 ein durchgehend niedriger NAO-Trend vor, der vorwiegend negativ ausgerichtet ist und mit der Phase besonders niedriger Sonnenfleckenanzahlen koinzidiert.

Abb. 19

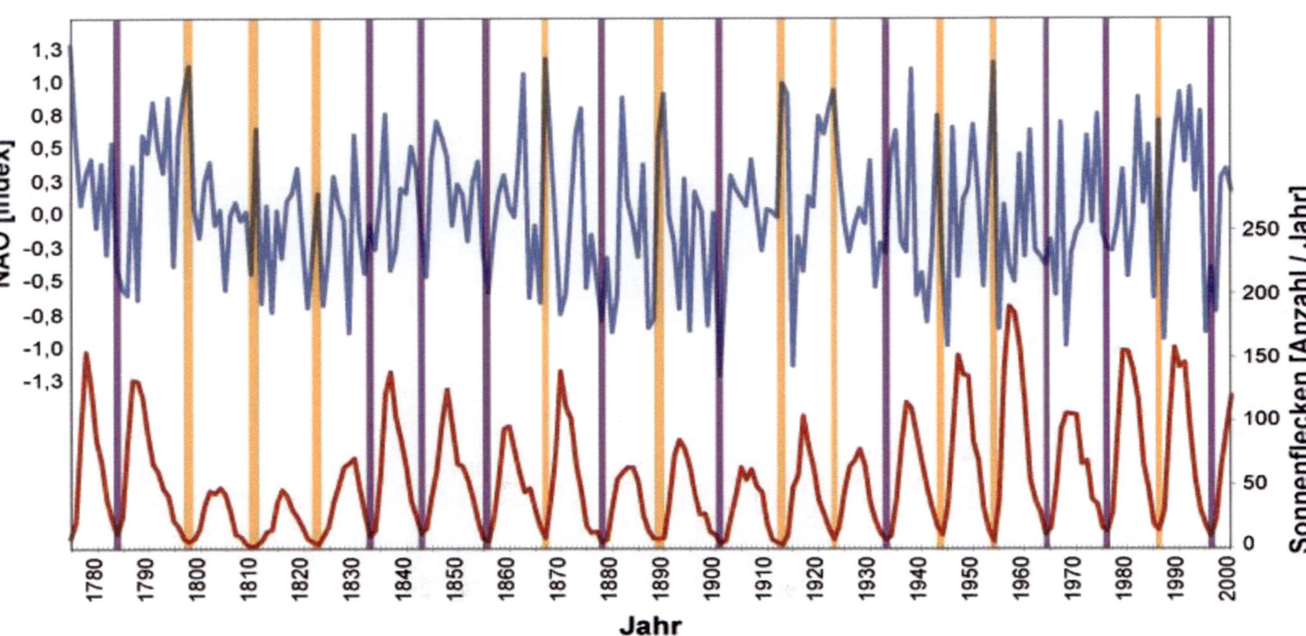

Quelle: Luterbacher, et. al. J. 2002. Extending North Atlantic Oscillation Reconstructions Back to 1500.
SIDC, World Data Center for the Sunspot Index, Royal Observatory of Belgium.
Monthly Report on the International Sunspot Number, http://www.sidc.be/sunspot-data/

Abb. 20

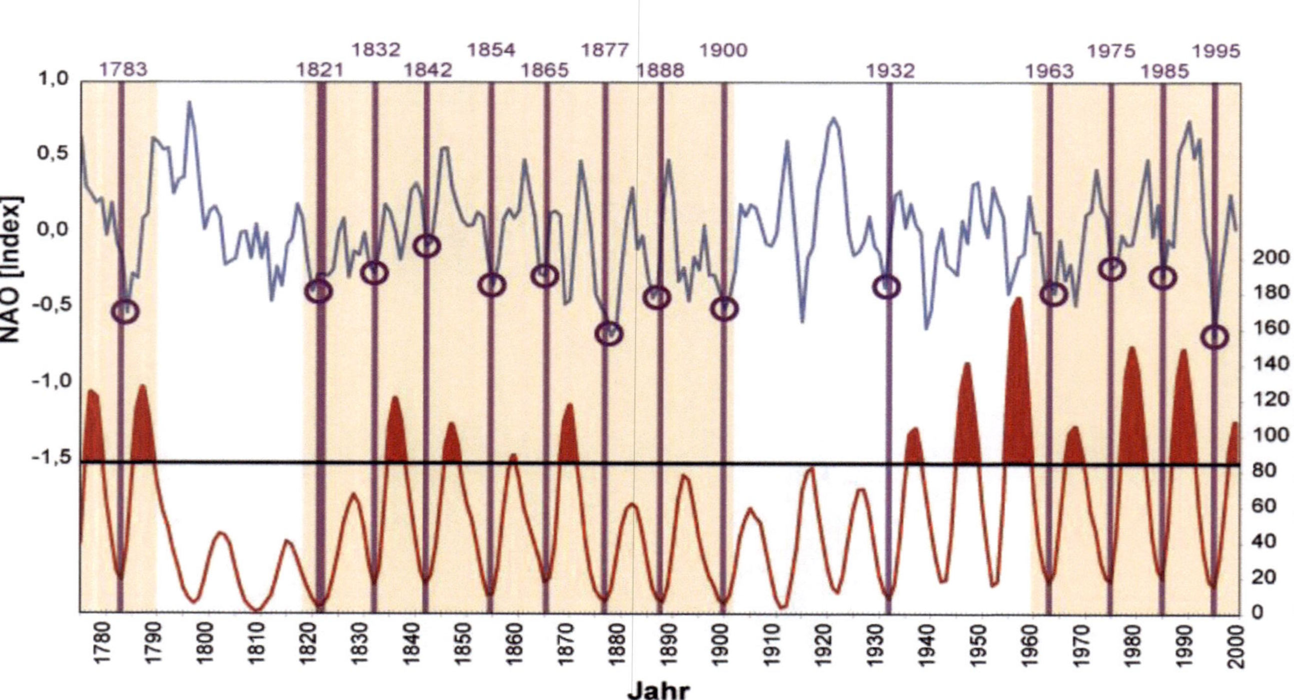

Quelle: Luterbacher, et. al. J. 2002. Extending North Atlantic Oscillation Reconstructions Back to 1500.
SIDC, World Data Center for the Sunspot Index, Royal Observatory of Belgium.
Monthly Report on the International Sunspot Number, http://www.sidc.be/sunspot-data/

4.3 El-Niño-Jahre und Vulkan-Daten

Bei der Untersuchung der El-Niño-Jahre und der Vulkan-Daten in Beziehung zu den Temperatur- und Niederschlagsdaten war keine durchgehende Korrelation zu erkennen. Allerdings brachte die Analyse der El-Niño-Events eine erhöhte Temperatur für die Monate Januar und Februar in Mitteleuropa hervor. Hierbei lag die Durchschnittstemperatur aller El-Niño-Jahre im Januar 0,66°C und im Februar 0,55°C über dem Temperaturmittel für den Beobachtungszeitraum von 1775 bis 2012.

Die Analyse der Vulkan-Daten lässt eine geringe Erhöhung der Niederschlagsmengen im Beobachtungszeitraum von 1851 bis 2012 für den Winter, den Frühling und auch für das gesamte Jahr erkennen. Des Weiteren konnte eine Erhöhung der Wintertemperatur um 0,4°C in den Jahren der Vulkanausbrüche beobachtet werden. Weitere Korrelationen mit anderen Parametern konnten nicht nachgewiesen werden.

4.4 Eis-Daten

In diesem Abschnitt wird der Eisgang auf dem Rhein, dem Bodensee und der Ostsee mit allen Parametern analysiert und ausgewertet. Der Beobachtungszeitraum bezieht sich auf die Jahre 1775 bis 2012 für den Rhein und den Bodensee, auf die Jahre 1775 bis 1997 für die Ostsee. In dem Zeitraum fanden 28 Eiswinter auf dem Rhein, 15 auf dem Bodensee und 49 auf der Ostsee statt. Diese teilen sich für den Rhein in 14 begehbare Eiswinter (Stufe 2) und 14 Mal Packeis (Stufe 1) auf, für den Bodensee in 4 Eiswinter der Stufe 2 und 11 Eiswinter der Stufe 1 und für die Ostsee in 13 extreme Eiswinter (Stufe 2) und 36 große Eiswinter (Stufe 1) an der deutschen Küste auf (Tab. 2). Die unterschiedliche Anzahl der Eisevents je nach Gewässer wird durch die verschiedene geographische Lage der drei Beobachtungsgebiete hervorgerufen. So ist es an der deutschen Ostseeküste, welche von den drei Beobachtungsgebieten am nördlichsten und östlichsten liegt, durchschnittlich kälter als in den beiden anderen Regionen. Außerdem besteht durch die große Ausdehnung der Ostsee ein direkter Kontakt nach Skandinavien und zum sibirischen Hoch.

Bei der Analyse wurden zuerst die Temperatur und der Niederschlag betrachtet. Hierzu wurden die Gefrornisse der einzelnen Gewässer mit dem saisonalen Winterdurchschnitt (DJaF) verglichen. Die Ergebnisse bestätigen logische Überlegungen und zeigen geringere

Temperaturen und verminderte Niederschlagsmengen als die Durchschnittswerte an. Alle drei Gewässer weisen eine deutlich verringerte Temperatur auf, wobei der Bodensee die kältesten und der Rhein die „wärmsten" Temperaturen benötigt, um zuzufrieren, was auch durch die geringste Anzahl an Eiswintern auf dem Bodensee bestätigt wird (Tab. 2). Die erste Reihe der Tabelle ist wie folgt zu lesen: Der Standort bezieht sich auf dem Rhein, welcher 28 Eiswinter vorweisen kann. Diese lassen sich aufteilen in 14 Eiswinter der Stufe 2 und in 14 Eiswinter der Stufe 1. In der letzten Spalte ist die Durchschnittstemperatur aller Eiswinter der jeweiligen Eisstufen dargestellt und beträgt -2,78°C. Zum Vergleich beträgt die Winterdurchschnittstemperatur nach Baur für den gesamten Beobachtungszeitraum 0,63°C und ist somit deutlich wärmer.

Standort	Eiswinter	Eiswinter Unterteilung	Wintertemperatur
Rhein	28	Stufe 2: 14	Stufe 2: -2,78°C
		Stufe 1: 14	Stufe 1: -1,20°C
Bodensee	15	Stufe 2: 4	Stufe 2: -3,85°C
		Stufe 1: 11	Stufe 1: -2,56°C
Ostsee	49	Stufe 2: 13	Stufe 2: -3,24°C
		Stufe 1: 36	Stufe 1: -1,33°C

Tab. 2: Übersicht über die Anzahl der Eiswinter und die zugehörige Durchschnittstemperatur je nach Eisstufen und Gewässer.

Die Niederschlagsanalyse geht auf Basis der Datengrundlage nur bis 1851 zurück und umfasst nicht alle Eis-Events der drei Zeitreihen. Allerdings konnte festgestellt werden, dass der Niederschlag in den Eisjahren verringert ist. Dabei ist der Trend in allen drei Zeitreihen zu erkennen, wobei der Rhein mit einem verringerten Niederschlag von 10mm die größte Abweichung zum langjährigen Mittel von 49mm für das Winterquartal aufweist. Die Eisjahre am Bodensee gehen mit einer Minderung von 6mm und die auf der Ostsee mit 5mm einher. Die Verringerung des Niederschlags lässt sich durch den meteorologischen Fakt, dass kalte Temperaturen mit geringerem Niederschlag einhergehen, erklären.

Bei der Datenanalyse konnte keine Beziehung zwischen den Eisjahren und den Vulkanausbrüchen sowie den El-Niño-Ereignissen festgestellt werden. Diese treten willkürlich sowohl in Eisjahren der Stufe 2, der Stufe 1 als auch in der Stufe 0 (kein Eis) auf.

Das Ergebnis ist insoweit verwunderlich, da beide Faktoren nach der Analyse eher eine Erwärmung der Wintertemperaturen nach sich ziehen.

Standort	Übereinstimmung mit einem negativen NAO-Wert	P-Wert	Bootstrap-Analyse
Rhein	Stufe 2: 12 von 14	0,0053	Hoch signifikant
	Stufe 1: 10 von 14	0,0778	Nicht signifikant
	Gesamt: 22 von 28	0,0006	Höchst signifikant
Bodensee	Stufe 2: 4 von 4	0,0566	Nicht signifikant
	Stufe 1: 11 von 11	0,0003	Höchst signifikant
	Gesamt: 15 von 15	0	Höchst signifikant
Ostsee	Stufe 2: 13 von 13	0,0001	Höchst signifikant
	Stufe 1: 30 von 36	0	Höchst signifikant
	Gesamt: 43 von 49	0	Höchst signifikant

Tab. 3: Überblick über den Bezug der Eiswinter des Rheins, des Bodensees und der Ostsee zu einem negativen NAO-Wert. Zusätzlich wurde der Bezug der einzelnen Eisstufen statistisch ausgewertet. Dabei stellt sich für alle Stufen, außer für den Rhein mit der Stufe 1, eine statistische Signifikanz ein. In 6 von 9 Fällen ist diese sogar höchst signifikant.

Eine entscheidende Korrelation konnte zwischen den Eisjahren und der NAO festgestellt werden. Wie die Analyse der NAO in Bezug auf die Temperatur (Kapitel 4.1) schon gezeigt hat, besteht eine eindeutige Verbindung zwischen beiden Parametern für den Winter, welche unter Berücksichtigung des Eisganges noch deutlicher wird. Von der Summe aller Eiswinter entfallen 80 von 92 auf einen negativen Winter-NAO-Index, was 87% entspricht. Die differenzierte Betrachtung ist in Tabelle 3 dargestellt, wobei der Referenzwert für einen negativen NAO-Index im Winter mit nur 49% deutlich niedriger liegt. Beispielhaft wird die erste Reihe der Tabelle 3 vorgestellt. Der Standort bezieht sich auf den Rhein. In der zweiten Zeile werden die Eiswinter der Stufe 2 des Rheins in Bezug zu einem negativen Winter-NAO gesetzt, wobei 12 von 14 Eiswintern mit einem negativen NAO-Wert zusammenfallen. Anschließend ist die Korrelation mit Hilfe der Bootstrap-Methode ausgewertet worden. Das Ergebnis beläuft sich auf einem P-Wert von 0,0053, was nach der definierten Einteilung hoch signifikant ist. Die komplette Analyse zeigt für den Bodensee und die Ostsee in allen Stufen höchste Signifikanzen an, wobei der Bodensee der Stufe 2 zwar keine Signifikanz anzeigt, dies aber durch die zu geringe Anzahl der Events erklärt werden kann. Obwohl keine statistische Signifikanz vorliegt, stimmen alle 4 Events mit einem negativen Winter-NAO-Index überein. Auch der Rhein offenbart einen eindeutigen Bezug zwischen dem Eisgang und einem negativen Winter-NAO-Index, obwohl die Beziehung abgeschwächt ist, liegt sie immer noch auf einem hohen Niveau. So zeigt nur die Stufe 1 des Rheins keine Signifikanz an.

Standort	Übereinstimmung mit einem SFM	P-Wert	Bootstrap-Analyse
Rhein	Stufe 2: 10 von 14	0,0046	Hoch signifikant
	Stufe 1: 6 von 14	0,3807	Nicht signifikant
	Gesamt: 16 von 28	0,0092	Hoch signifikant
Bodensee	Stufe 2: 2 von 4	0,4527	Nicht signifikant
	Stufe 1: 4 von 11	0,5997	Nicht signifikant
	Gesamt: 6 von 15	0,4613	Nicht signifikant
Ostsee	Stufe 2: 6 von 13	0,4283	Nicht signifikant
	Stufe 1: 16 von 36	0,3504	Nicht signifikant
	Gesamt: 22 von 49	0,2659	Nicht signifikant

Tab. 4: Überblick über den Bezug der Eiswinter des Rheins, des Bodensees und der Ostsee zu einem Sonnenfleckenminimum. Eine Zuordnung erfolgt immer, wenn der Eisgang in den 4 Jahren um ein Sonnenfleckenminimum aufgetreten ist. Bei der statistischen Auswertung fällt sofort ins Auge, dass eine Signifikanz nur bei dem Eisgang des Rheins vorliegt. Die übrigen untersuchten Gewässer weisen zwar einen erhöhten Bezug zu den Sonnenfleckenminima auf, besitzen aber keine statistische Signifikanz.

Des Weiteren wurde die Korrelation zwischen den Eisjahren und den Sonnenflecken untersucht. Hierbei wurden die Daten der SFM nach dem Vorbild des zugrunde liegenden Papers geordnet und markiert. Mithilfe der Unterteilung wurden die Eis-Events analysiert und festgestellt, dass 44 der insgesamt 92 Eiswinter um ein SFM aufgetreten sind, was 48% entspricht. Der Referenzwert für ein Jahr um das SFM beträgt nur 36%, was auf eine Korrelation schließen lässt. Allerdings werden bei der differenzierten Betrachtung erhebliche regionale Unterschiede deutlich, welche mit der größten Übereinstimmung des Rheins in Stufe 2 mit 71% einhergehen (Tab. 4). Die Tabelle 4 ist dabei simultan zu der Tabelle 3 aufgebaut. Die erste Zeile gibt das analysierte Gewässer an und die letzten beiden Zeilen stellen die statistischen Ergebnisse der Bootstrap-Methode da. Einziger Unterschied besteht darin, dass die Eiswinter der jeweiligen Eisstufen nicht mehr mit einem negativen NAO-Wert abgeglichen werden sondern mit einem Sonnenfleckenminimum. Die Ergebnisse sind in Zeile zwei einzusehen. Hierbei wurde deutlich, dass der Rhein eine Ausnahmesituation in Mitteleuropa darstellt. Denn nur bei den Eis-Events des Rheins in der Stufe 2 und bei der Gesamtbetrachtung konnte eine Signifikanz festgestellt werden (Tab. 4). Diese hebt sich deutlich von allen anderen Werten ab, die allesamt nicht signifikant sind. Nichtsdestotrotz sollte erwähnt werden, dass alle Stufen einen erhöhten Bezug zur Sonnenaktivität aufweisen, auch wenn sie statistisch gesehen nicht signifikant sind.

Für eine bessere Visualisierung der untersuchten Beziehungen der einzelnen Parameter zu den Eiswintern der jeweiligen Gewässer sind in den Abbildungen 23-25 die analysierten Datensätze graphisch aufgearbeitet worden. Dabei sind die drei Abbildungen nach dem gleichen Schema aufgebaut worden. Auf der linken Seite zeigt die Zeitskala das jeweilige Jahr an. Daran schließen die verschiedenen Datensätze an, wobei jeder Datensatz mit der entsprechenden Benennung und Einheit versehen wurde. Alle Datensätze wurden untereinander parallelisiert und an der Zeitskala ausgerichtet. Die untersuchten Daten sind in der Abbildung 21 die 10 negativsten NAO-Winterwerte, in der Abbildung 22 alle Sonnenfleckenminima und in der Abbildung 23 alle Vulkanausbrüche. Für eine schnellere Einordnung ist die Überschrift des untersuchten Datensatzes in der entsprechenden Grafik rot markiert. Zusätzlich sind die analysierten Datenpunkte mit blauen Linien hinterlegt und die zugeordneten Ergebnisse der umliegenden Datenreihen mit roten Kreisen gekennzeichnet.

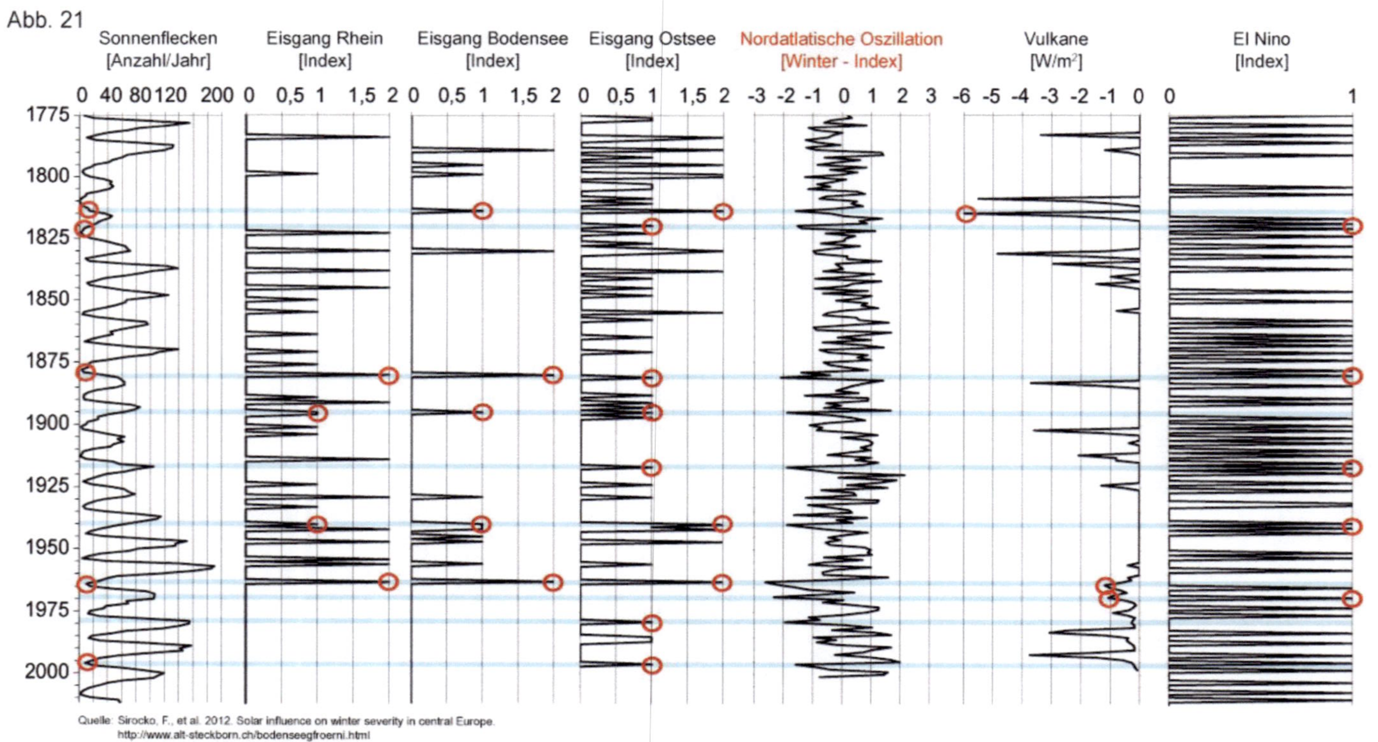

Quelle: Sirocko, F., et al. 2012. Solar influence on winter severity in central Europe.
http://www.alt-steckborn.ch/bodenseegfroerni.html
Werner Dobras: Wenn der ganze Bodensee zugefroren ist. Die Seegfrörnen von 875-1963.
Koslowski, G. and R., Glaser 1999. Variations in reconstructed winter severity in the western Baltic from 1501 to 1995, and their implications from the North Atlantic Oscillation.
SIDC-team, World Data Center for the Sunspot Index, Royal Observatory of Belgium, Monthly Report on the International Sunspot Number, online catalogue of the sunspot index: http://www.sidc.be/sunspot-data/
Luterbacher, J. 2002. Extending North Atlantic Oscillation Reconstructions Back to 1500.
Quinn, W. H., et al. 1992. The Historical record of EL Nino events. In Climate since AD 1500.
Crowley, T.J. 2000, Causes of Climate Change Over the Past 1000 Years.

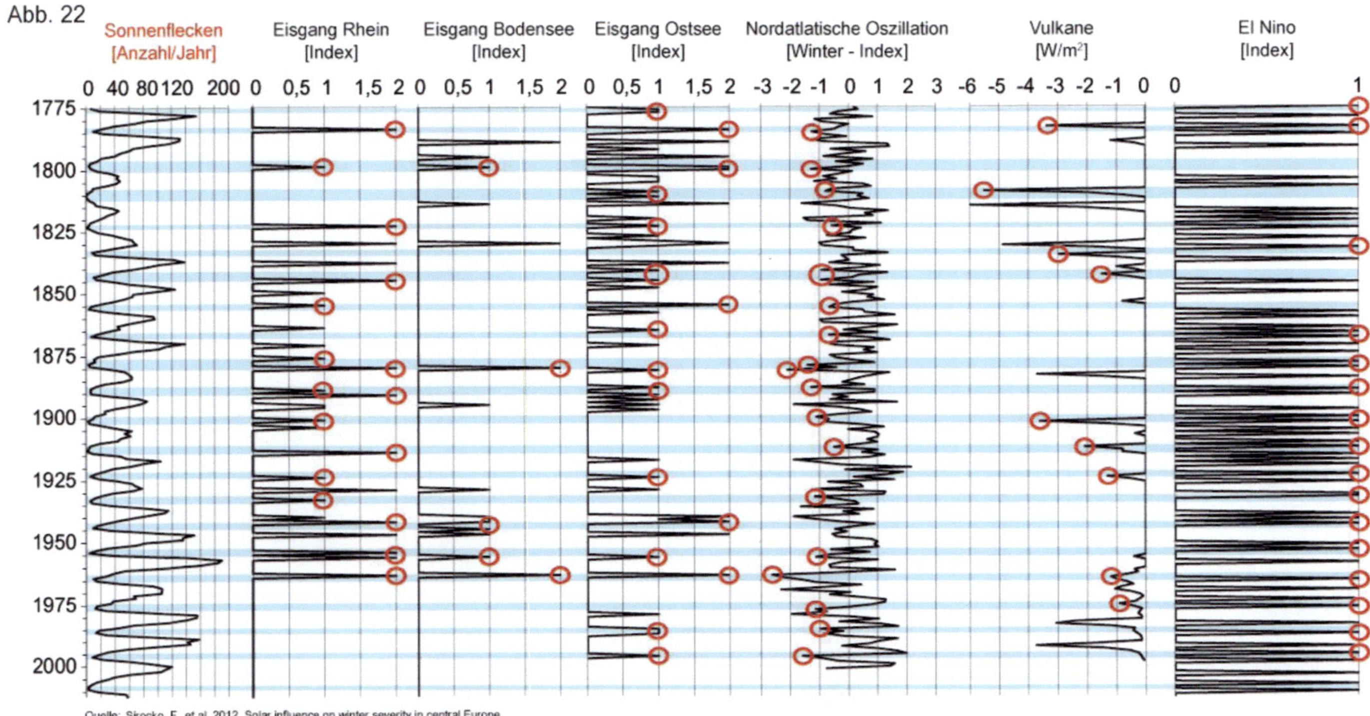

Quelle: Sirocko, F., et al. 2012. Solar influence on winter severity in central Europe.
http://www.alt-steckborn.ch/bodenseegfroerni.html
Werner Dobras: Wenn der ganze Bodensee zugefroren ist. Die Seegfrörnen von 875-1963.
Koslowski, G. and R., Glaser 1999. Variations in reconstructed winter severity in the western Baltic from 1501 to 1995, and their implications from the North Atlantic Oscillation.
SIDC-team, World Data Center for the Sunspot Index, Royal Observatory of Belgium, Monthly Report on the International Sunspot Number, online catalogue of the sunspot index: http://www.sidc.be/sunspot-data/
Luterbacher, J. 2002. Extending North Atlantic Oscillation Reconstructions Back to 1500.
Quinn, W. H., et al. 1992. The Historical record of EL Nino events. In Climate since AD 1500.
Crowley, T.J. 2000, Causes of Climate Change Over the Past 1000 Years.

Abb. 23

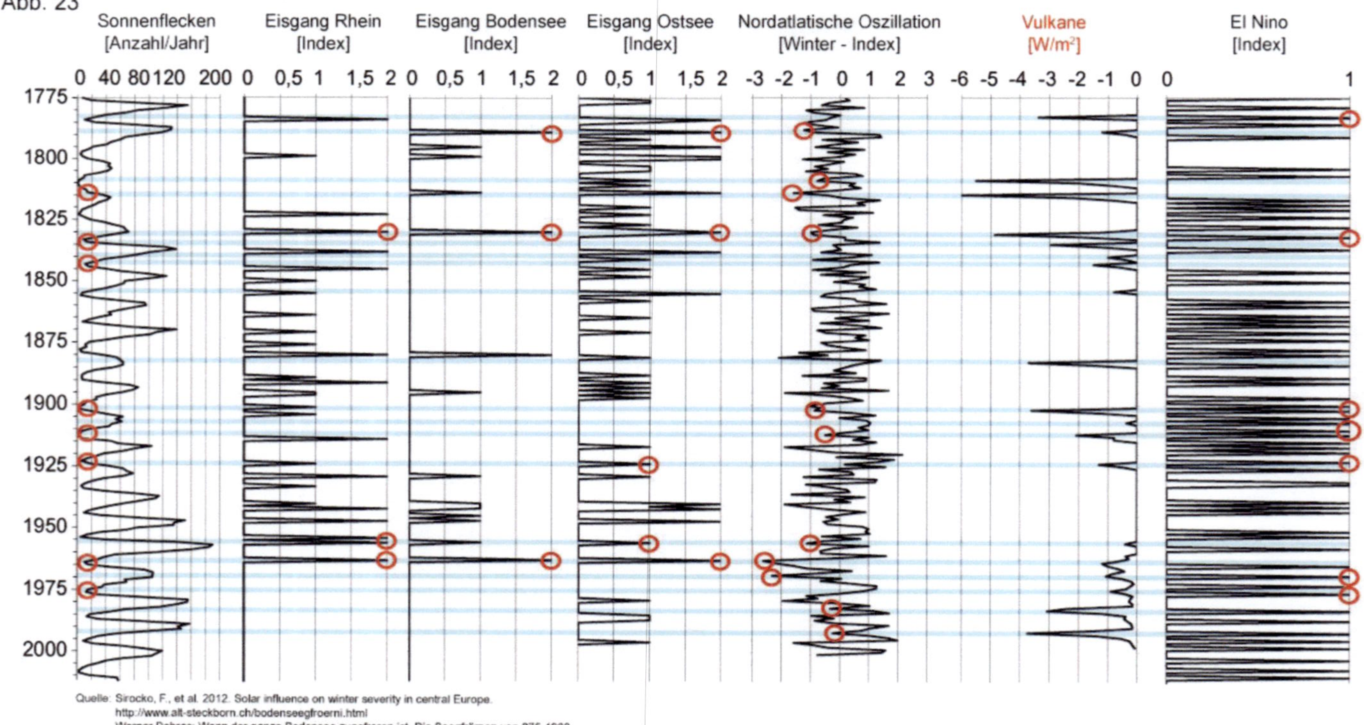

Quelle: Sirocko, F., et al. 2012. Solar influence on winter severity in central Europe.
http://www.alt-steckborn.ch/bodenseegfroerni.html
Werner Dobras: Wenn der ganze Bodensee zugefroren ist. Die Seegfrörnen von 875-1963.
Koslowski, G. and R., Glaser 1999 Variations in reconstructed winter severity in the western Baltic from 1501 to 1995, and their implications from the North Atlantic Oscillation.
SIDC-team, World Data Center for the Sunspot Index, Royal Observatory of Belgium, Monthly Report on the International Sunspot Number, online catalogue of the sunspot index: http://www.sidc.be/sunspot-data/
Luterbacher, J. 2002. Extending North Atlantic Oscillation Reconstructions Back to 1500.
Quinn, W. H., et al. 1992. The Historical record of EL Nino events. In Climate since AD 1500.
Crowley, T.J. 2000, Causes of Climate Change Over the Past 1000 Years.

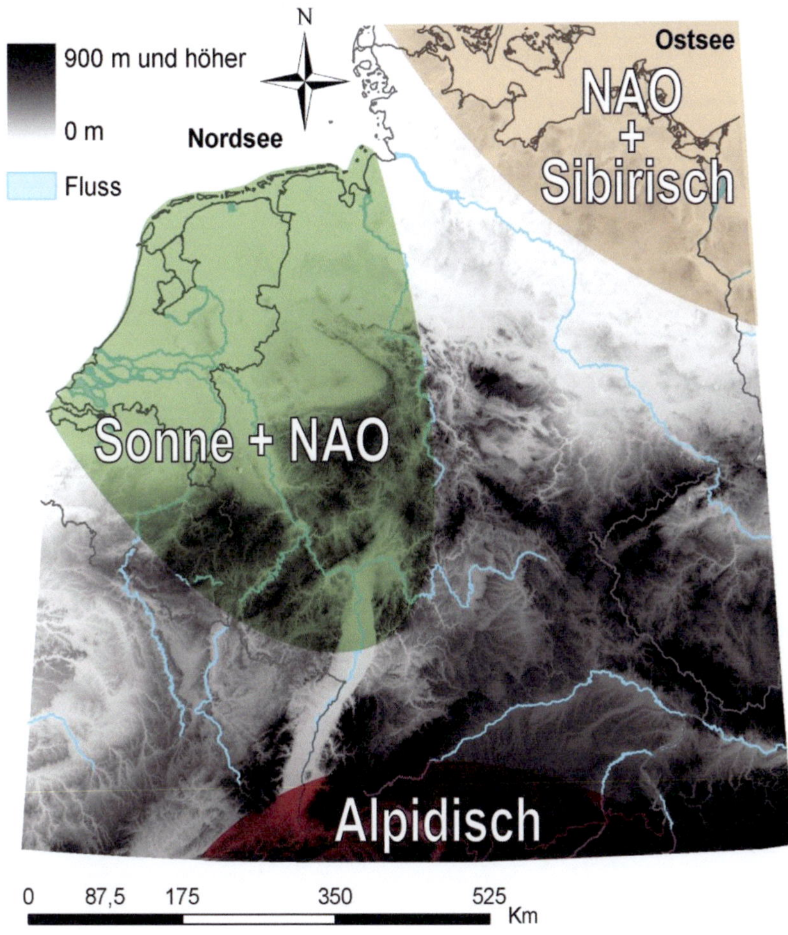

Abb. 24: Übersichtskarte der drei analysierten Areale in Mitteleuropa mit ihren entsprechenden Haupteinflussfaktoren für das Winterklima. Die Winterhärte der Rheinregion wird hauptsächlich durch eine Kombination von Sonnenaktivität und NAO beeinflusst. Das Winterklima der deutschen Ostseeküste wird vorrangig von den Einwirkungen der NAO und des sibirischen Hochs gesteuert, während das Gebiet des Bodensees ein besonderes Mikroklima der Alpen wiederspiegelt.

Zusammengefasst ist auffällig, dass der Rhein zwar die geringste, aber immer noch eine signifikante Übereinstimmung mit dem NAO-Index liefert, zeitgleich aber die größte und einzige statistische Signifikanz mit den Sonnenflecken aufweist. Aus diesem Grund kommt dem Rhein eine Sonderstellung in der Analyse zu. Der Bodensee hingegen scheint einem anderen „Forcing" zu unterliegen, da er von der Sonnenaktivität nur peripher beeinflusst wird und dafür den ausgeprägtesten Bezug zur NAO aufweist. Die Ostsee befindet sich bei beiden Analysen jeweils an der zweiten Position der analysierten Gewässer, was Einflüsse aus beiden Bereichen nahelegt. Allerdings ist nur der Bezug zur NAO statistisch signifikant, weshalb der Einfluss der Sonne vernachlässigt werden kann und die Beziehung zur NAO dominiert. Aus diesen Erkenntnissen ist die Übersichtsabbildung 24 entstanden, in der die Haupteinflüsse der analysierten Regionen von Mitteleuropa dargestellt sind.

5) Diskussion und Auswirkungen auf das Klima

Die Ergebnisse der Auswertung werden im nachstehenden Kapitel in Bezug zum Klima gesetzt und mögliche Prozesse hierfür sowohl vorgestellt als auch näher diskutiert.

5.1 Der Einfluss der NAO auf das Klima

Bei der Analyse der NAO-Daten in Bezug auf die Temperatur und den Niederschlag wurde der Einfluss der NAO als eine der Hauptursachen für die starke Variabilität des mitteleuropäischen Klimas bestätigt, speziell im Winter, aber auch teilweise im Frühjahr und Herbst (siehe Abb. 14 und 15). Wie in Kapitel 2.1 bereits erläutert, ändert sich der Klimaeinfluss in Mitteleuropa mit der Ausrichtung des NAO-Indexes entscheidend. Die Datenanalyse stellte eine höchst signifikante Abkühlung in Mitteleuropa als Folge eines negativen NAO-Indexes fest, welcher zusätzlich auch für einen geringeren Niederschlag sorgt. Im Sommer ist die Kopplung erheblich schwächer ausgeprägt und wenn überhaupt nur regional entwickelt. Beide Hauptaussagen sind konform mit dem aktuellen Stand der Forschung und bestätigen, dass die NAO ein entscheidender Klimafaktor im atlantisch-europäischen Raum ist.

Bei der Betrachtung der Extremwerte konnte festgestellt werden, dass Kälteereignisse fast ausschließlich im Falle einer negativen NAO-Phase auftreten, aber keinesfalls immer. So folgt zum Beispiel auf die Entwicklung eines besonders negativ ausgeprägten Winter-NAO-Indexes, wie er in den Jahren 1881, 1936 oder 1965 vorzufinden war, nicht zwangsläufig auch ein extrem kalter Winter. Daraus lässt sich die Schlussfolgerung ziehen, dass eine negative NAO-Phase das Vorkommen eines extrem kalten Winters bedingt; und somit scheint der Zustand der Zirkulation über dem Atlantik zwar eine eindeutige Voraussetzung für die Bildung von extrem kalten Wintern zu sein, aber weitere Faktoren wie z. B. Sonnenaktivität, Verstärkung des Bodenalbedo infolge von Schneebedeckung, Niederschlag, Bewölkung etc. beeinflussen zusätzlich den komplexen Temperatur- und Klimaverlauf.

Auffällig ist zudem, dass sich die statistische Signifikanz von Kälteereignissen in Bezug zu einem negativen NAO-Index nicht nur auf den Winter beschränkt, sondern auch im Frühjahr und im Herbst eine deutliche Rolle spielt und bereits hoch signifikant ausgeprägt ist (Tab. 1). Zudem gilt die Signifikanz auch für den umgekehrten Fall, dass die wärmsten saisonalen Jahre bevorzugt mit einem positiven NAO-Index einhergehen. Dabei wurde das Ergebnis sowohl durch die Analyse der Extremwerte als auch durch den Vergleich der geglätteten Daten bestätigt. Somit ist die Ausrichtung der NAO nicht nur eine Hauptvoraussetzung für besonders kalte Jahre, sondern auch für ungewöhnlich warme Jahre vom Herbst bis ins Frühjahr.

Obwohl eine kontinuierliche Beziehung zwischen der Temperatur und der Ausrichtung der NAO besteht (siehe Abb. 14), darf der Fakt, dass die Temperaturstationen über Mitteleuropa verteilt sind, nicht außer Acht gelassen werden. Auch hier gilt, dass der von der Literatur postulierte größte Gegensatz zwischen Nord und Südeuropa in Bezug auf die oszillierende NAO besteht (Luterbacher, 2002). So könnte es durch die homogene Verteilung der Stationen über Mitteleuropa zu einer Abschwächung der Beziehung gekommen sein, da zwei der vier Temperaturstationen in den Alpen liegen, welche zentral in Mitteleuropa gelegen sind.

Eine weitere Überlegung betrifft die verringerte Korrelation der NAO und der Niederschlagsdaten (siehe Abb. 15). Hauptgrund hierfür dürfte die geographische Lage von Deutschland und den Niederschlagsstationen sein. Die größte Differenz in Bezug auf den Niederschlag übt die oszillierende NAO ebenfalls auf Nord- und Südeuropa aus, wobei die Alpen als Barriere fungieren. Somit dürfte selbst in Deutschland der Einfluss der NAO von Nord- und Westdeutschland nach Ost- und Süddeutschland abnehmen. Die Korrelationen der einzelnen Stationen zur NAO konnten aufgrund der fehlenden Daten der jeweiligen Bezugsorte nicht untersucht werden. Durch die homogene Verteilung der Niederschlagsstationen über Deutschland liegt der Verdacht nahe, dass der Einfluss der NAO auf den Niederschlag abgeschwächt worden ist und somit zu einer geringeren Korrelation geführt hat.

5.2 Der Einfluss der Sonne auf das Klima

Die Analyse der Sonnenfleckendaten brachte eine mäßige Korrelation zwischen der Sonnenaktivität und der Temperatur bzw. dem Niederschlag hervor (siehe Abb. 17 und 18). Auch wenn die Zusammenhänge sehr geringe Korrelationskoeffizienten besitzen, so ist der Einfluss auf das Winterquartal doch in beiden Fällen erhöht. Für alle monatlichen und jährlichen Werte konnte eine minimale positive Beziehung zwischen der Temperatur und den Sonnenflecken gefunden werden. Obwohl die Fachwelt sich noch immer uneinig über den Einfluss der Sonne auf das Klima ist, muss festgehalten werden, dass alle untersuchten

Parameter eine positive Rückkopplung zu den Sonnenflecken aufweisen. Natürlich handelt sich hierbei nur um einen beobachteten Trend, da die Korrelationen keinem statistischen Test standhalten können. Aber sowohl der unterschiedliche Einfluss zwischen Sommer und Winter konnte erarbeitet werden, als auch der regionale Einfluss der Sonnenaktivität, welcher durch die statistische Signifikanz der Eiswinter des Rheins deutlich wird (Kap. 4.4). Des Weiteren wurde, wenn überhaupt, auch nur ein geringer Einfluss der Sonnenflecken erwartet, da die Komplexität und Variabilität des Klimas von Mitteleuropa allseits bekannt ist und verschiedene Einflussfaktoren dieses gleichzeitig beeinflussen. Deshalb ist es umso bemerkenswerter, dass ein direkter Zusammenhang zwischen der NAO und den Sonnenfleckenminima hergestellt werden konnte (siehe Abb. 20). Die identifizierte Korrelation bestätigt damit die vermutete Beeinflussung verschiedener Klimaparameter durch die Veränderung des Sonnenfleckenzyklus. Skeptiker werden durch den Fakt, dass noch immer nicht alle physikalischen Mechanismen hinter den Sonnen-Klimakorrelationen verstanden und identifiziert sind, bestärkt, aber neue Forschungen haben auch neue Ansätze hervorgebracht, die eine positive Rückkopplung auf zumindest regionale Sonnenaktivitätseinflüsse erklären können (Fröhlich et al., 2004; Fox, 2004; Matthes et al., 2006; Marsh et al., 2000).

Wie in Kapitel 2.3.3 gezeigt, variiert die abgestrahlte Energie der Sonne auf langer Zeitskala aufgrund der Milankovic-Zyklen und auf kurzer Zeitskala durch den 11-jährigen Sonnenfleckenzyklus. Die gesamte Strahlungsintensität auf kurzer Zeitskala schwankt dabei lediglich um 0,1%, was etwa $1,5 \frac{W}{m2}$ entspricht (Fröhlich et al., 2004). Dabei geht die einfache Rechnung von mehr eingestrahlter Energie einhergehend mit höheren Temperaturen natürlich nicht auf, da sich die Temperatur aus eingestrahlter und abgestrahlter Wärmestrahlung ergibt. Verstärkt sich die eingestrahlte Energie, steigt auch die abgestrahlte Energie an, so dass sich der Effekt größtenteils wieder ausgleicht. Dadurch ist es auch nicht verwunderlich, dass die normalen Klimamodelle den Einfluss der Sonnenintensität auf das Klima als zu gering deklarieren (North et al., 2004).

Für das Verständnis der Rückkopplungsmechanismen muss zuerst die Sonnenstrahlung an sich unterteilt werden. So wird zwischen elektromagnetischer Strahlung und Partikelstrahlung, also geladenen Teilchen, unterschieden. Die Partikelstrahlung der Sonne ist allgemein als Sonnenwind bekannt und Teil der kosmischen Strahlung. Bei der differenzierten Betrachtung der Gesamtstrahlung während eines Sonnenfleckenzyklus fällt auf, dass sich die

Veränderung nicht gleichmäßig über den gesamten Spektralbereich erstreckt. Mithilfe von Satellitendaten konnte in dem für die Ozonabsorption dominierenden UV-Bereich von 160 bis 290nm eine Veränderung von 5-8%, von 160 bis 125nm 10-20% und im Röntgenbereich von 0,2 bis 3nm bis zu zwei Größenordnungen festgestellt werden (Fox, 2004) (Abb. 25).

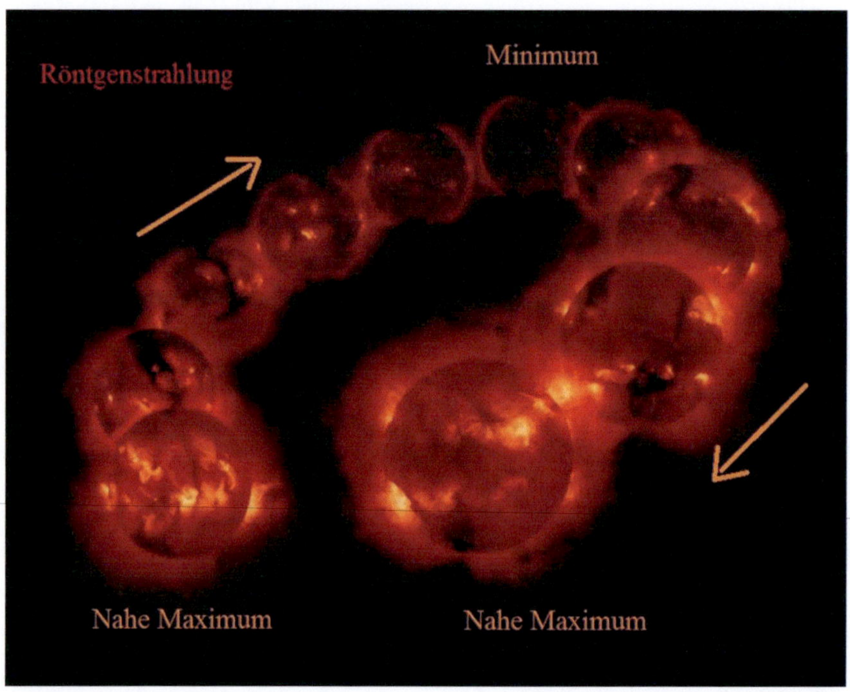

Abb. 25: Die Sonne im Röntgenlicht zwischen 1992 (links), über 1996 (hinten) bis 1999 (rechts). Aufgenommen wurden die Daten vom japanischen Satelliten Yohkoh. Im Gegensatz zur geringen Veränderung der Gesamtstrahlung schwankt die Röntgenstrahlung der Sonne im Verlauf des 11-jährigen Aktivitätenzyklus um einen Faktor von zwei Größenordnungen.

Quelle: verändert nach http://www.lmsal.com/SXT/

Durch die erhöhte UV-Strahlung während eines Sonnenfleckenmaximum kommt es vermehrt zur Bildung von Ozon in der Stratosphäre, da die energiereiche UV-Strahlung Sauerstoffmoleküle aufspaltet, welche anschließend zur Ozonbildung zur Verfügung stehen. Infolgedessen wird die Ozonkonzentration um 2-5% erhöht, was aufgrund der Fähigkeit des Ozons zu einer erhöhten Absorption solarer Strahlung und dadurch zu einer Erwärmung der Stratosphäre führt (Labitzke und van Loom, 1988; Fleming et al., 1994). Die Modifikationen in der Stratosphäre werden vertikal an die Troposphäre weitergegeben, wodurch Veränderungen in der atmosphärischen Zirkulation entstehen. Die Anomalien sollen in Phasen geringer Sonnenaktivität einen negativen NAO-Index begünstigen und so zu verringerten Temperaturen und Niederschlägen in Mitteleuropa führen (Matthes et al., 2006). Dieser Ansatz könnte die vorgefundene Korrelation der Abbildung 22 zwischen einer bevorzugt negativen NAO-Phase im Bereich eines SFMs nicht nur erklären, sondern zusätzlich auch den langanhaltenden negativen Trend der NAO während des Dalton-Minimums erläutern. Zusätzlich spielt bei dem Prozess die Anzahl der Sonnenflecken eine entscheidende Rolle bezüglich der Stärke des Signals. Daraus könnte die maximale Übereinstimmung für Zyklen mit hohen Sonnenflecken resultieren. Des Weiteren führt die gleiche Quelle auch Veränderungen in der arktischen Oszillation (AO) an, wodurch ebenfalls ein veränderter Einfluss auf Europa einwirken könnte. Allerdings müssen in diesem Bezug noch weitere Studien folgen, um auch zu verstehen, bei welchen Konstellationen keine Übereinstimmung zwischen den Sonnenflecken und der NAO vorliegt.

Der zweite Ansatz, der diskutiert werden soll, betrifft die Wolkenbildung. Hierbei ist die abgegebene Strahlung der Sonne als Partikelstrahlung zu betrachten. Bei einer erhöhten Partikelstrahlung wird die gesamte kosmische Strahlung aus dem Weltraum durch das Magnetfeld der Sonne vermehrt abgelenkt, was eine Verringerung der kosmischen Strahlung für die Erde nach sich zieht. Infolgedessen wird die Bildung von Kondensationskernen in die Atmosphäre und somit die Wolkenbildung reduziert, wodurch die solare Einstrahlung zunimmt und die Temperatur regional ansteigen kann (Marsh et al., 2000). Zusätzlich begünstigt der Prozess die Verdunstung in wolkenfreien Gebieten, was eine Änderung der Niederschlagsmenge zur Folge hat.

Prinzipiell würde dieser Ansatz ebenfalls die Korrelationen der Daten erklären, da eine geringe Sonnenaktivität zu mehr Wolken und regional zu geringeren Temperaturen führen kann. Allerdings ist der Rückkopplungsmechanismus auf die NAO noch nicht ausreichend untersucht und komplett verstanden. Zusätzlich wird die Theorie sehr kontrovers diskutiert. Theoretisch liegt auch eine Kombination mehrerer Faktoren in diesem komplexen System nahe, aber der Stand der Forschung weist noch erhebliche Lücken und Fragen auf, welche es gilt, in Zukunft zu minimieren und die Prozesse besser zu präzisieren.

5.3 Der Einfluss von Vulkanausbrüchen auf das Klima

Die Einflüsse von Vulkanausbrüchen auf die Temperatur, den Niederschlag und den NAO-Index wurden analysiert und blieben fast ausschließlich ohne Ergebnis (siehe Abb. 23). Dies ist etwas überraschend, da die Forschung einen Einfluss auf verschiedene Größen postuliert. So sind vulkanische Großeruptionen durch ihre Asche- und Aerosoleinflüsse auf die Stratosphäre in der Lage, die Temperatur für 1-3 Jahre zu beeinflussen (Fischer, 2007). Absorption und Streuung von Sonnenstrahlung bzw. terrestrischer Wärmestrahlung an vulkanischen Aerosolpartikeln führen in der Stratosphäre zu Anomalien in der Energieverteilung. Diese können Änderungen der atmosphärischen Zirkulation nach sich ziehen, die einem positiven NAO-Druckmuster ähneln (Klose, 2007). Allerdings konnte bei der Untersuchung der Daten kein positiver NAO-Index während erhöhter vulkanischer Aktivität festgestellt werden. Daraus lässt sich schließen, dass Vulkanausbrüche die Temperatur eher global beeinflussen, wohingegen die nordatlantische Oszillation regional wirkt.

Laut dem aktuellen Forschungsstand beeinflussen Vulkanausbrüche, je nach ihrer geographischen Lage, bevorzugt die globale aber auch die regionale Temperatur. So führt ein Vulkanausbruch in den ersten 1-3 Sommern nach dem Ereignis zu einer Verringerung der Temperatur. Die Abkühlung wird hauptsächlich durch die direkte Beeinflussung der Strahlungsbilanz infolge von erhöhter Streuung des Sonnenlichts und Absorption langwelliger Strahlung an vulkanischen Aerosolen in der Stratosphäre erklärt. Gegensätzlich dazu führen vulkanische Eruptionen, während der ersten beiden Jahre nach den Ausbrüchen, im Winter vorrangig zu einer Erwärmung des europäischen Festlandes. Beide Hypothesen wurden überprüft und es konnte lediglich für die 15 höchsten Sulfatkonzentrationen des Datensatzes ein Signal auf die Wintertemperatur festgestellt werden. Dabei ist die Temperatur im Vergleich zum langjährigen Mittel um 0,4°C erhöht und direkt im Ausbruchsjahr nachweisbar. Im Sommer waren keine Auswirkungen festzustellen.

Das Ergebnis wird auch bei der Betrachtung eines expliziten Ausbruches bestätigt. Die große Eruption des philippinischen Vulkans Mount Pinatubo im Juni 1991 zog einen Eintrag von etwa 20 Megatonnen SO_2 in die untere und mittlere Stratosphäre nach sich (Bluth et al., 1992). Das Schwefeldioxid wird innerhalb von etwa 4 Wochen zu H_2SO_4 oxidiert und kondensiert als Schwefelsäure-Aerosol aus, wodurch ein Einfluss auf die Strahlungsbilanz entsteht (Deshler et al., 1991). In der unteren Stratosphäre der Nordhemisphäre breitet sich das vulkanische Aerosol innerhalb von wenigen Wochen über die mittleren Breiten bis in die Arktis aus (Jäger, 1992). Trotzdem konnten in den drei Sommer nach dem Vulkanausbruch keine besonderen Temperatursignale erkannt werden. Allerdings war die Wintertemperatur deutlich erhöht in Bezug auf das langjährige Mittel.

Mögliche Ursache hierfür könnte sein, dass nach Fischer (2007) die größten Temperaturänderungen in Nordeuropa zu finden sind und der Einfluss nach Süden hin stark abnimmt. Naheliegend ist auch das Vulkanausbrüche, wie bereits erwähnt, vorrangig globale Auswirkungen nach sich ziehen. Die Theorie wird auch von führenden Publikationen vertreten. So bestätigt sowohl das IPCC als auch Crowley, 2002 einen globalen Einfluss der Vulkanausbrüche. Des Weiteren könnte es sein, dass sich der regionale Einfluss auf Mitteleuropa nur in extremen Eruptionen zeigt, so weist das Jahr ohne Sommer von 1816 die niedrigste Temperatur eines Sommers auf, die je gemessen wurde und ist direkt mit dem Ausbruch des Tambora in Indonesien verknüpft. Zusätzlich können Überlagerungen oder Veränderungen des Vulkansignals infolge weiterer Klimaphänomene auftreten, wodurch kein eindeutiges Signal in der Auswertung der Daten erreicht werden kann.

5.4 El-Niño-Einwirkungen auf Mitteleuropa

Während der Einfluss der El-Niño-Ereignisse zahlreiche Regionen der Erde direkt betrifft, gibt es noch Unsicherheiten in der Bestimmung der Fernwirkung auf Europa. Insbesondere der pazifische Raum ist direkt mit weitreichenden Temperatur- und Niederschlagsänderungen in Teilen Südamerikas und Südostasien/ Australien betroffen. Des Weiteren konnten auch Änderungen in Nordamerika, dem Osten Südamerikas und Afrika infolge eines El-Niño-Events nachgewiesen werden. In Europa und Nordasien konnte bisher noch kein eindeutiger Einfluss identifiziert werden. So sind El-Niño-bezogene Auswirkungen auf Europa mit dem jetzigen Stand der Forschung nicht eindeutig belegbar. Zudem beeinflussen viele Unsicherheiten, wie zum Beispiel die variierende Stärke der El-Niño-Events oder das vermehrte Auftreten infolge von Vulkanausbrüchen im letzten Jahrhundert, die Auswirkungen auf Europa. Mehrere Forschungsarbeiten und Klimamodelle zeigen auch einen variierenden Einfluss auf Europa an, so dass sowohl warme als auch kalte Winter die Folge eines El-Niño-Ereignisses sein können (Müller et al., 2002). Allerdings ergibt sich aus der Studie von Müller (2002) auch, dass im El-Niño-Winter der Einfluss von Tiefdrucksystemen über Europa zunimmt. Dies hat zur Folge, dass kältere Wintertemperaturen über Nordeuropa sowie verstärkter Niederschlag auf den Britischen Inseln vorherrschen. Direkte Einflüsse für Mitteleuropa wurden aber nicht beschrieben.

Der geringe Forschungsstand zeigt die Komplexität der El-Niño-Events an und erklärt auch die geringe Korrelation mit den untersuchten Parametern. Ein möglicher Ansatz zur Interpretation der Daten könnte der variierende Rückkopplungseffekt sein, welcher erklären würde, warum die El-Niño-Jahre willkürlich in warmen und in kalten Wintern auftreten. Des Weiteren könnte die vorgefundene Erwärmung der Monate Januar und Februar auch eine Folge von überlagerten Vulkanausbrüchen sein. Der aktuelle Forschungsstand ist hierbei sehr unbefriedigend und kann hoffentlich in den nächsten Jahren konkretisiert werden. Allerdings wurde im Vergleich zur NAO deutlich, dass El-Niño-Ereignisse eine untergeordnete Rolle in Mitteleuropa spielen.

5.5 Wintereis: Vergleiche zwischen Rhein, Bodensee und Ostsee

Das zugrunde liegende Paper zeigt einen signifikanten Zusammenhang zwischen dem Eisgang des Rheins und der Sonnenaktivität in Westdeutschland an. Durch die detaillierte Analyse der Daten konnte gezeigt werden, dass sich in den vier Winterjahren um ein SFM atmosphärische Zirkulationsanomalien ausbilden. Die Anomalien sind bevorzugt in einer geopotentiellen Höhe von 500hPa festzustellen und führen zu einem verstärkten Einfluss nördlicher Luftmassen aus Skandinavien, wodurch es zu signifikanten negativen Bodentemperaturanomalien über England, den Benelux-Ländern, Frankreich und Westdeutschland kommt (Sirocko et al., 2012). Das Zentrum der negativen Bodentemperaturen liegt dabei über Südengland, den Benelux-Ländern und Westdeutschland (Abb. 26). Diese Anomalie betrifft direkt den Rhein, was folglich zu dem hoch signifikanten Einfluss der Sonnenaktivität auf die Eiswinter führt. Daraus folgt natürlich die Frage: Wie verhalten sich andere Gewässer, die am Rand des Einflussgebietes liegen? Aus diesem Grund wurden der Eisgang des Bodensees und der Ostsee genau analysiert und mit dem Rhein verglichen.

Bei der Analyse des Eisganges der drei Gewässer konnten Gemeinsamkeiten und auch Unterschiede festgestellt werden (siehe Tab. 2-4). Natürlich wird Eis nur bei kalten Temperaturen ausgebildet, wodurch es bei allen drei Gewässern zu einer stark verringerten

Temperatur im Vergleich zum langjährigen Mittel des Beobachtungszeitraums von 1775 bis 2012 in den Eisjahren kommt. Durch die geographischen Unterschiede ergeben sich auch unterschiedliche Anzahlen an Eisjahren in den drei Regionen. Die Ostsee weist hierbei mit Abstand den höchsten Wert auf, was durch die nordöstlichste Lage erklärt werden kann. Dadurch befindet sich die Ostsee vermehrt im Einflussbereich des sibirischen Hochs über Russland, was kältere Temperaturen zur Folge hat. Zusätzlich besitzt die Ostsee eine direkte Verbindung über die Nordsee zum Atlantik, wodurch auch ein NAO-Einfluss zu erkennen sein sollte. Der Bodensee liegt am südlichsten und in unmittelbarer Nähe zu den Alpen, die als Barriere zwischen Mitteleuropa und Südeuropa fungieren. Daher ist es interessant, ob sich infolgedessen ein verändertes Mikroklima ausbildet oder ob sich der Bodensee noch im Einflussbereich der Temperaturanomalie durch die Sonne befindet. Auffällig ist, dass der Bodensee die kältesten Temperaturen zum Zufrieren benötigt und dadurch auch die geringste Anzahl an Eisjahren aufweist. Allerdings ist dies auch teilweise durch die Größe des Sees zu erklären.

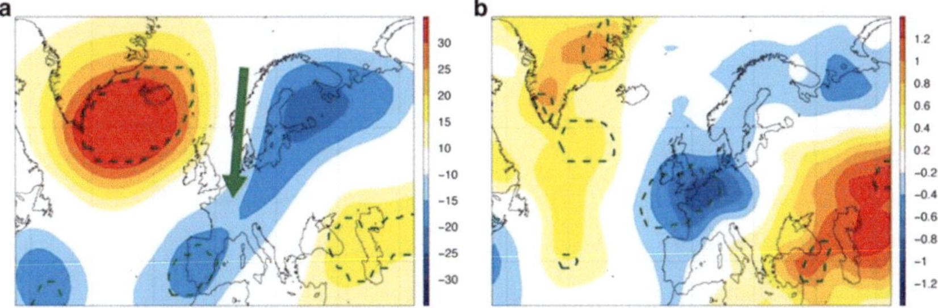

Abb. 26: In der Grafik a ist die Anomalie der Winterjahre in der geopotentiellen Höhe von 500hPa zwischen Wintern, die nach einem Sonnenfleckenminimum stattfinden und allen anderen Winter in dem Zeitraum von 1871-2008 dargestellt. Blaue Farben stellen dabei Abkühlungen, rote Erwärmungen dar. Der grüne Pfeil zeigt einen erhöhten Transport kalter Luftmassen aus Nordeuropa nach Mitteleuropa an. Das gleiche Schema, allerdings für die Bodentemperatur, wird in Abbildung b dargestellt. Die größte Abkühlung ist durch das dunkelste Blau markiert und betrifft Südengland, die Benelux-Länder und Westdeutschland.

Quelle: Sirocko et al., 2012, S. 4

Der negative NAO-Bezug zu den gesamten Eisjahren der einzelnen Gewässer weist eine höchste Signifikanz auf (siehe Tab. 3 und Abbildung 21). Am stärksten ist die Korrelation am Bodensee ausgeprägt, bei dem alle Eis-Events mit einem negativen NAO verknüpft sind. Dies bestätigt zusätzlich die gewonnene Erkenntnis, dass ein negativer NAO-Wert extrem kalte Temperaturen bedingt.

Der Vergleich mit der Sonnenaktivität lieferte in allen Bereichen geringe Korrelationen, welche keiner statistischen Überprüfung standhalten können. Allerdings liegt in allen untersuchten Standorten eine erhöhte Beziehung vor. Die Ausnahme hiervon bildet der Rhein der Stufe 2 und in der gesamten Betrachtung, wobei sich in diesem Fall eine hoch signifikante Beziehung ergibt. Dadurch werden die Ausnahmestellung des Rheins und der regional erhöhte Einfluss der Sonnenaktivität auf Westdeutschland deutlich.

Die Ostsee weist Einflüsse aus beiden Bereichen auf, wobei der Einfluss der NAO deutlich dominiert. Durch die direkte Verbindung zum Atlantik kann der signifikante Einfluss der NAO erklärt werden, obwohl die Ostsee relativ weit nördlich liegt. Dies ist ebenfalls der Grund, warum die hohe Korrelation etwas überrascht, da durch die geographische Lage als Haupteinfluss das sibirische Hoch erwartet wurde. Durch die nordöstliche Erstreckung bis nach Schweden, Finnland und Russland scheint der ausgeprägte NAO-Bezug, zumindest in extrem kalten Jahren, bemerkenswert. Aber die größte Abkühlung übt die NAO hinsichtlich Nordeuropas aus, womit einerseits die Beobachtung erklärt werden kann und womit andererseits aufgezeigt wird, wie weitreichend der NAO-Einfluss regional sein kann (Abb. 24). Inwieweit hierbei eine Kopplung zwischen dem sibirischen Hoch und der NAO besteht, konnte im Rahmen der vorliegenden Thesis nicht erarbeitet werden. Des Weiteren lassen sich die leicht erhöhten Einflüsse der Sonnenaktivität durch die nahe Randlage zur Temperaturanomalie, ausgelöst durch die Sonne, erklären. Diese sind allerdings deutlich niedriger als in der Kernregion Westdeutschlands und nicht signifikant ausgeprägt. Somit repräsentiert das Ostseeeis an der deutschen Küste einen direkten Einfluss der NAO mit abgeschwächten Elementen des sibirischen Hochs und der Sonnenaktivität.

Der Rhein zeigt etwas überraschend den geringsten, aber immer noch einen signifikanten Bezug zur NAO an, obwohl er am westlichsten liegt und sogar in die Nordsee mündet. Aus welchem Grund die Beziehung insbesondere für die Eiswinter der Stufe 1 abgeschwächt ist, konnte nicht eindeutig geklärt werden, allerdings zeigt der Rhein eine hoch signifikante Korrelation mit der Sonnenaktivität an. Somit mutet die Korrelation zumindest zeitweise an, stark genug zu sein, um durch die Zirkulations-Rückkopplung mit der Folge von verringerten Temperaturen in Westdeutschland den NAO-Einfluss zu überlagern. Folglich lässt sich zusammenfassen, dass der Eisgang auf dem Rhein durch beide Faktoren stark beeinflusst wird, wobei die Korrelation mit der Sonne die bestimmende Voraussetzung zu sein scheint (Abb. 24). Zusätzlich wird durch den Fakt, dass hierbei die einzige hoch signifikante

Korrelation zur Sonne besteht, die Ausnahmestellung dieser Beziehung bzw. der Region hervorgehoben.

Der Bodensee zeigt zwar die höchste Signifikanz mit dem negativen NAO-Index an, dafür aber nur eine periphere Beziehung zur Sonnenaktivität (Tab. 3 und 4). Die Beobachtungen widersprechen den zugrunde liegenden Überlegungen etwas. Eigentlich wurde ein höherer Einfluss der Sonne erwartet, da der Bodensee im Bereich der Temperaturanomalie liegt und der Rhein aus dem Bodensee hervorgeht (Abb. 26). Allerdings liegt der Bodensee am südlichen Rand der Temperaturanomalie, wodurch es zu einer Abschwächung des Effektes kommen kann. Was auch durch die Überlegung, dass sich der Bodensee in unmittelbarer Nähe zu den Alpen befindet, die ein eigenes Mikroklima aufgrund ihrer blockierenden Wind- und Temperaturwirkung für Europa auslösen können, bekräftigt wird (Abb. 24). Des Weiteren muss auch die geringe Datengrundlage eine Berücksichtigung finden, wodurch das Ergebnis leichter verzerrt werden kann. Zusätzlich erstaunt auch die höchst signifikante Abhängigkeit der Eiswinter von einem negativen NAO-Index. Der starke maritime Einfluss wurde als nahezu einziger Haupteinfluss identifiziert und zeigt ein anderes „Forcing" für die Bodensee-Region als für die beiden anderen Regionen an. Gründe hierfür konnten in den Daten nicht gefunden werden, der Verdacht, dass ein kälterer Herbst bzw. Sommer für eine verminderte Wassertemperatur sorgt, konnte nicht bestätigt werden. Durch die Größe und Tiefe des Sees könnte ein entscheidender Faktor die Windstärke und die damit verbundene Durchmischung der Wasserschichten sein. So könnten die Winde durch eine negative NAO abgeschwächt oder in der Form verändert werden, dass eine Eisbildung begünstigt wird. Dies ist allerdings nur eine Vermutung und regt somit zu weiteren externen Untersuchungen an.

Die willkürliche Verteilung der El-Niño-Ereignisse und der Vulkanausbrüche in allen Stufen der Eis-Events bestätigt das Ergebnis aus dem „Solar forcing"-Paper. Eine mögliche Erklärung für die willkürliche Verteilung der El-Niño-Ereignisse auf den Winter in Europa wurde in Kapitel 5.4 erwähnt und könnte die Folge einer variierenden Auswirkung des El-Niños sein. So können kalte als auch warme Winter in Europa das Ergebnis eines El-Niños sein, je nach der zirkularen Weitergabe des Effektes in der Atmosphäre oder im Ozean. Des Weiteren kann der Einfluss auch einfach zu gering sein, so dass er von anderen Parametern überlagert wird und keine entscheidende Größe für Mitteleuropa darstellt. Die Analyse der Vulkanausbrüche geht zwar mit einer Erwärmung der Wintertemperatur einher, ist aber prinzipiell von der geographischen Lage des Vulkans und der Größe des Ausbruches abhängig. Wodurch es zur Situation kommen kann, dass eine erhöhte Ablagerung im Eisbohrkern identifiziert wurde, der regionale Temperatureinfluss aber sehr gering ist und ebenfalls von anderen Parametern überlagert ist. Daher wird auch dem Vulkanismus kein Zusammenhang mit extremer Winterkälte in Mitteleuropa zugeschrieben.

Die Verringerung des Niederschlags in Eisjahren ist durch zwei Faktoren erklärt. Zum einen fällt weniger Regen in kalten Wintern durch den physikalischen Zusammenhang, dass kalte Luft weniger Feuchtigkeit speichern kann. Zum anderen spielt der Fakt der veränderten Luftzirkulation eine entscheidende Rolle. So verringert sich der niederschlagsreiche maritime Einfluss aus dem Westen und wird durch trockene kontinentale Luftmassen aus Nord- und Osteuropa ersetzt, was einen trockeneren Winter zur Folge hat.

In diesem Zusammenhang wird auch auf das grundsätzliche Problem der Glättung von Datensätzen bei der Analyse eingegangen. So wird die Glättung von Klimadaten und Zeitreihen bei Simulationen, Klimamodellen und der Datenanalyse als normale Methode im geowissenschaftlichen Bereich angesehen, um langfristige Veränderungen hervorzuheben. Einzelne „Ausreißer“ werden als Rauschen angesehen und ignoriert. Dabei muss man sich fragen, ob nicht doch wertvolle Informationen in den vernachlässigten Daten stecken. Denn das Klima der Erde ist ein hochkomplexes System mit vielen Einflussgrößen, die teilweise nur regionalen Einfluss haben. Bestes Beispiel hierfür ist die Verbindung des Rheins zur Sonnenaktivität, die nur bei der Betrachtung extremer Kälteereignisse deutlich wird. Ein Gegenbeispiel liefert natürlich die vorgefundene Rückkopplung zwischen Sonne und NAO, welche nur in den geglätteten Daten sichtbar wird. Somit erfordert die Datenauswertung ein gewisses Gespür für die richtige Herangehensweise an die komplexen Daten, wobei beide Ansätze für die Auswertung in Betracht gezogen werden sollten, um auch schwache Beziehungen in unserem sensiblen Klimasystem zu verdeutlichen.

6) Einleitung und Überlegungen zum praktischen Arbeiten

Anhand der vorangestellten Analyse der Einflussfaktoren auf das Klima von Mitteleuropa konnte gezeigt werden, dass ein Solar- und NAO-Forcing hauptsächlich in den Wintermonaten zu identifizieren ist. Wie zum Beispiel an dem Eisgang des Rheins, des Bodensees und der Ostsee gezeigt werden konnte, spielen aber auch regionale Einflüsse eine dominante Rolle, weshalb die Maarbohrkerne aus der Eifel, mit ihrer räumlichen Nähe zum Rhein, ein ideales Forschungsgebiet repräsentieren.

Die Maare stellen hinsichtlich ihrer jährlichen warvierten Ablagerungen ein hochauflösendes natürliches Klimaarchiv da. Die Verbindung wurde erstmals im Jahre 1878 von dem schwedischen Geologen Gerard de Geer erkannt, welcher 22 Jahre später die erste Geochronologie der letzten 12.000 Jahre vorstellte. Unter dem Begriff Warven werden alle feingeschichteten Ablagerungen, die in ihrem Materialkontrast eine deutliche, wiederkehrende und saisonale Abfolge erkennen lassen, zusammengefasst. Dabei bauen sich die Warven meistens aus jahreszeitlich variierenden, seeinternen und von außen eingetragenen, biogenen und mineralogischen Komponenten auf. Die Sommerlagen bestehen überwiegend aus biogenem Material, wie z. B. Kieselalgen oder Diatomeen und die Winterlagen aus klastischem Material, bevorzugt Ton und Silt (Zolitschka, 1998). Durch die Analyse der unterschiedlichen Parameter können Proxydaten erhoben werden und somit bestimmte Klimaparameter repräsentieren.

Durch die Nähe zur Eifel und angesichts der geologischen und klimatologischen Möglichkeiten von Untersuchungen an Bohrkernen wurde im Jahre 1998 an der Universität Mainz das Bohrprojekt ELSA (Eifel Laminated Sediment Archive) gegründet und kontinuierlich erweitert. Erste Untersuchungen beschränkten sich auf die Trockenmaare und wurden ab dem Jahr 2004 auch auf die heute noch offenen Maarseen der Eifel ausgeweitet. Hierzu wird ein spezielles Gefrierverfahren angewendet, welches es ermöglicht, 2m lange ungestörte Bohrkerne aus den oberen wasserhaltigen Sedimentschichten zu kernen. Der große Vorteil gegenüber normalen Bohrverfahren besteht darin, dass die gebohrten Sedimente bis an den Maarboden weitestgehend ungestört erhalten bleiben, sprich auch die neuzeitlichen Ablagerungen (Abb. 28). Dabei erfolgt die Bohrung auf einer schwimmenden Plattform mit Dreiband, bei der ein 2m langes Schwert über ein Gestänge in das Sediment gedrückt wird (Abb. 27). Anschließend wird ein -800°C kaltes Flüssiggasgemisch von der Plattform in das Schwert gepumpt, um das Sediment an der Metallfläche anzufrieren (Sirocko, 2009).

Allerdings ist durch die Begrenzung der Freeze-Kerne (engl. freeze = einfrieren) auf maximal 2m die zeitliche Auflösung limitiert und umfasst ungefähr die letzten 1.000 Jahre.

Abb. 27: Freeze-Kern Bohrung auf dem Ulmener Maar mittels einer schwimmenden Bohrplattform mit Dreibein.

Quelle: Sirocko, 2009

Nichtsdestotrotz beinhalten die Freeze-Kerne den gesamten Beobachtungszeitraum der Diplomarbeit und bekommen für die bessere Identifizierung gegenüber gewöhnlich gewonnenen Bohrkernen den Index $_f$ an das Namenskürzel des jeweiligen Maars gehängt. In dieser Arbeit werden zwei der so gewonnenen Freeze-Kerne, nämlich die aus dem Holzmaar (HM_f) und dem Ulmener Maar (UM_f), für die Voruntersuchung und für die Identifizierung möglicher Proxys, welche das Signal des Winterklimas bestmöglich abbilden können, verwendet. Anschließend werden die so identifizierten Proxydaten an dem Freeze-Kern aus dem Schalkenmehrener Maar (SM_{f2}) in eigenständiger Arbeit gemessen, analysiert und ausgewertet. In dem Zusammenhang werden die verschiedenen Eventlagen mittels geochemischer, petrologischer und makroskopischer Untersuchungen in die Kategorien Hochwasser, extremer Winter (Eis) und Turbidit unterteilt. Hierbei steht die graphische Aufbereitung der Unterscheidungsmerkmale der einzelnen Kategorien sowie Sedimentations-

und Transportprozesse innerhalb des Schalkenmehrener Maares im Vordergrund. Zusätzlich wird mithilfe der identifizierten Winterlagen einerseits die vorliegende Zeitreihe „Extremer Winter" weiter in die Vergangenheit verlängert und andererseits anhand dessen die neu entstandene Zeitreihe auf Periodizität untersucht bzw. ein Bezug zur Sonnenaktivität hergestellt.

Hierbei legt die Veröffentlichung von Heinz Vos aus dem Jahr 2004 nah, dass dieser Zusammenhang zumindest zeitweise vorhanden sein kann. In der Publikation wurde gezeigt, dass zwischen den abgelagerten Warven des Holzmaars und dem Schwabe-Zyklus der Sonne partiell eine Korrelation besteht. Die Beziehung konnte zwar nur in einzelnen Abschnitten des untersuchten Zeitraumes von 10000 bis 9000 cal BP (calibrated years before the present) identifiziert werden, infolgedessen wird aber deutlich, dass Maarsedimente selbst geringe natürliche Klimavariationen konservieren können.

Abb. 28: Nahaufnahme einer Bohrung auf dem Schalkenmehrener Maar. Zu sehen sind die Schichten des obersten Meters eines Freeze-Kerns. Der Bohransatzpunkt ist durch den flüssigen Stickstoff noch komplett vereist. Außerdem wird deutlich, dass der Bohrkern vollständig ungestört geborgen worden ist.

Quelle: Sirocko, 2009

7) Grundlagen

Das folgende Kapitel stellt die Grundlage für das Arbeiten an Maarsedimenten vor. Zuerst wird das Bearbeitungsgebiet, die Eifel, näher beschrieben. Danach wird die Entstehung eines Maares thematisiert, bevor abschließend das untersuchte Schalkenmehrener Maar genauer vorgestellt wird.

7.1 Geologie der Eifel

Die Eifel ist ein Teil des linksrheinischen Schiefergebirges, welches wiederum zum Rhenoherzynikum gehört. Begrenzt wird das Mittelgebirge im Osten durch das Mittelrheintal, im Süden durch die Mosel, im Westen durch die Staatsgrenze zu Luxemburg und Belgien (bzw. durch den Übergang in die geologisch verwandten Ardennen) und im Norden durch die Niederrheinische Bucht.

Im frühen Phanerozoikum haben sich in dem Bereich der späteren Eifel vorzugsweise klastische Sedimente (Tonschiefer und Quarzite) in einem flachen Meeresraum abgelagert (Walter, 1980). Durch die kaledonische Orogenese wurde das Gebiet während des Ordoviziums gefaltet und bildete im Silur zusammen mit den Ardennen die Ardennen-Schwelle aus (Meyer, 1988). Die Orogenese berührte die Eifel nur relativ schwach, bildete aber im Norden durch die Schließung des Japetus den Old-Red-Kontinent aus, welcher das rheinische Devon-Becken vorzugsweise mit Erosionsmaterial auffüllte.

Das mitteleuropäische Devonmeer buchtete im Norden in zwei große Becken aus, welche durch die mitteleuropäischen Inseln voneinander getrennt und mittels der Meerenge von Dinant miteinander verbunden waren. Die Meerenge erweiterte sich im Osten zum „Rheinischen Becken", welches auch den heutigen Bereich der Eifel enthielt. In diesem Becken wurden im Unterdevon mehrere tausend Meter mächtige Abfolgen von fossilleeren klastischen Sedimenten abgelagert, was heute die Basis der Eifel darstellt. Der Sedimenteintrag reduzierte sich bis zum Oberdevon kontinuierlich und wurde mehr und mehr durch karbonatische Sedimente ersetzt. Vor allem in den sogenannten „Kalkmulden" konnten sich schon während des Unterdevons Karbonate ablagern. Im weiteren Verlauf des Devons vertiefte sich das Rheinische Becken durch die mitteldevonische Meerestransgression zusehends und es bildete sich eine weitläufige Schelfplattform mit ausgeprägtem Riffwachstum aus. Die Änderung in der Sedimentation und der einsetzende Fossilienreichtum der Schichten stellen den Übergang vom Unterdevon zum Mitteldevon da. In der Rheinischen Bucht lagerten sich zahlreiche Korallenarten ab, anhand derer man das Mitteldevon selbst unterteilen kann und zusätzlich den Übergang zu dem Mergelschiefer des Oberdevon nachvollziehen kann. Schon während der Sedimentation der devonischen Schichten begann die Faltung des Meeresbodens und erreichte ihren Höhepunkt im Karbon, als die Eifel von der variszischen Orogenese erreicht wurde. Dieses Ereignis sorgte dafür, dass sich der Meeresboden zu einem Gebirge anhob. Jedoch nicht als Ganzes, sondern in verschiedenen Schollen, zwischen denen sich variszisch orientierte Senken bildeten (Meyer, 1988). Mit der Hebung des Gebirges am Ende des Oberkarbons setzte auch gleichzeitig seine Abtragung ein. Der Abtragungsschutt wurde im Rotliegenden in die variszisch streichenden Senken abgelagert und das Gebirge zu einem sogenannten „Rumpfgebirge" erodiert.

In der Trias entwickelte sich die Eifeler Nord-Süd-Zone zu einem ausgeprägten Senkungsgebiet, in dem sich überwiegend triassische und jurassische Gesteine ablagerten. Die Reste der Sande sind die Bundsandsteindecken über den devonischen Ablagerungen, welche meistens am Rand der Kalkmulden zu finden sind (Büchel und Mertes, 1982).

Im unteren Jura erfolgte letztmalig eine Überflutung der Eifel, sowohl von Norden aus dem Nordwestdeutschen Becken als auch vom Süden aus dem Pariser Becken. Allerdings wurde die Eifel im oberen Lias Teil eines Hochgebietes und bildete bis zum Ende der Kreidezeit ein von Süden langsam ansteigendes Tiefland (Meyer, 1988).

Im Tertiär kam es zu einer weiteren Anhebung der Eifel, welche von einem aktiven Vulkanismus begleitet wurde. Das Zentrum der vulkanischen Aktivitäten lag dabei in der Hocheifel und wurde nach K/Ar-Datierungen vor ungefähr 42-34 Mio. Jahren erreicht (Meyer, 1988).

Eine erneute Vulkantätigkeit setzte im Quartär mit zwei Hauptzentren ein. Zum einem war das Laacher-See-Gebiet in der Osteifel betroffen und zum anderen eine ungefähr 50 km lange Vulkanreihe in der Westeifel. Beide Vulkangebiete sind vorzugsweise SiO_2-untersättigt und überwiegend alkalireich. Nach Fuhrmann und Lippolt (1982) wurde der älteste Vulkan, der Beuel bei Zilsdorf, auf 960.000 Jahre datiert und der jüngste Ausbruch, der des Laacher Sees, auf ungefähr 10.000 Jahre vor heute. Durch diese Ausbruchsreihe wurde der vorvulkanische Untergrund weitgehend durch Lavaströme und Tuffe verdeckt, so dass die zahlreichen Tuff-

und Schlackenkegel zusammen mit den Maaren überwiegend die Landschaft der Eifel prägen (Meyer, 1988).

7.2 Maare

Insgesamt gibt es 68 Maare in der Eifel, die aber größtenteils ausgetrocknet oder verlandet sind und somit als Trockenmaar bezeichnet werden. Aktuell gibt es nur noch 7 Maarseen in der Eifel, wovon eins das Schalkenmehrener Maar ist.

7.2.1 Maarentstehung und Besonderheiten

Die Bezeichnung „Maar" ist von dem lateinischen Wort „mare" (Meer) abgeleitet und bezeichnet den durch eine phreatomagmatische Eruption entstandenen Vulkantypus, der negativ in die Landschaftsoberfläche eingesprengt ist. In der Entstehungsphase kommt es zu einem Zusammenstoß zwischen aufsteigendem Magma und wasserführenden Gesteinsschichten (Abb. 29). Das Poren- oder Kluftwasser wird schlagartig in den gasförmigen Zustand transferiert, wodurch es ein vielfach größeres Volumen einnimmt. Der entstehende Druck sprengt das umgebene Gestein weg, so dass Magma weiter aufsteigen kann und ein Gemisch aus Magma und Umgebungsgestein aus dem Explosionstrichter geschleudert wird. Wichtig hierbei ist jedoch, dass das Magma nicht die Erdoberfläche erreicht und keine Lava ausfließen kann. Das Magma bleibt im Explosionstrichter stecken und wird mit nachrutschendem Gesteinsmaterial vermischt, wodurch der Explosionsschlot abgedichtet wird (Sirocko, 2009). Der Vorgang kann sich durchaus mehrmals wiederholen, solange der Druck im Untergrund groß genug ist, um eine weitere Explosion zu verursachen. Je nach Stärke und Häufigkeit der Eruptionen wird der Maartrichter größer und tiefer. Nach Abklingen der vulkanischen Tätigkeit füllen sich die Trichter mit Grundwasser und es entsteht ein Maar.

Bei dieser Gelegenheit wird auch kurz auf den wesentlichen Unterschied zwischen einem Kratersee und einem Maar eingegangen. So füllt sich ein normaler Vulkankrater mit Regenwasser, da er als positive Form auf der Landschaftsoberfläche sitzt. Ein Maarsee hingegen besitzt eine negative Landschaftsoberfläche und füllt sich dadurch überwiegend mit Grundwasser der umliegenden Schichten.

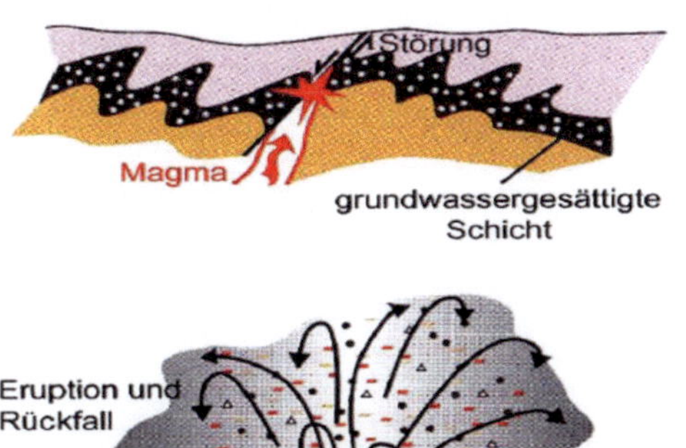

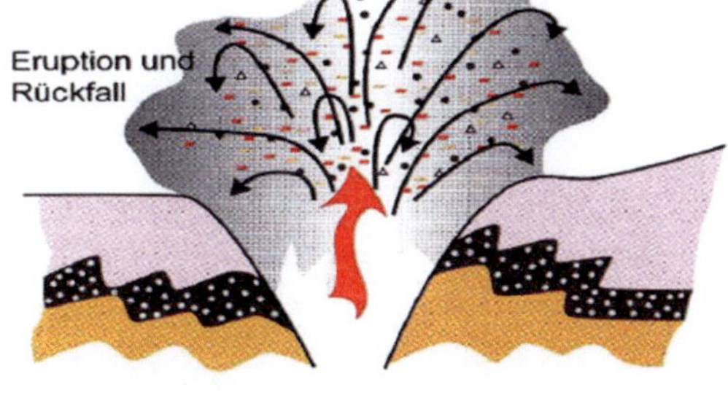

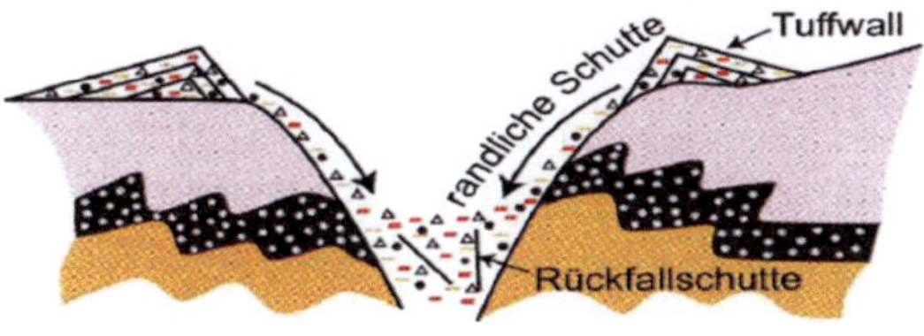

Abb. 29: Schematische Darstellung einer phreatomagmatischen Maarexplosion.

Quelle: Sirocko, 2009

Maare zeichnen sich durch die Besonderheit der großen Tiefe infolge der Ausbruchsstruktur und den nicht vorhandenen Abfluss aus. Aufgrund ihrer im Verhältnis zur geringen Oberfläche großen Tiefe sind sie in der Lage, mächtige Sedimentpakete aufzunehmen, wodurch ein ideales Sedimentarchiv entsteht. Denn sämtliches Material, dass in ein Maar eingetragen wird (vulkanische Aschen, Detritus, Einträge aus Bächen oder über die Luft), wird verdriftet und lagert sich am Grund des Maares ab (Sirocko, 2009). Zusätzlich begünstigt die große Tiefe eine Sauerstoffarmut am Boden der Maare. Der bodennahe Wasserkörper wird nicht in die Zirkulation mit eingebunden und verarmt dadurch an Sauerstoff, so dass kein Benthos existieren kann. Infolgedessen bleiben die saisonalen Ablagerungen, sogenannte Warven, zerstörungsfrei erhalten und können für die Analysen, welche Rückschlüsse auf das Klima der Vergangenheit geben, untersucht werden.

	Höhenlage [m]	Einzugsgebiet [103m^2]	Seeoberfläche [m^2]	Mittlere Tiefe [m]	Maximale Tiefe [m]
Pulvermaar	411	805	335.000	42,8	70
Weinfelder Maar	484	349	15.900	27,1	51
Ulmener Maar	420	4005	55.000	20,4	39
Gemündener Maar	407	505	75.000	18,9	39
Schalkenmehrener Maar	**421**	**1299**	**219.000**	**14,5**	**21**
Meerfelder Maar	337	1526	256.000	9	17
Holzmaar	425	2058	58.000	8,8	20

	Durchmesser [m]	Wasservolumen [103m^2]	Abflussrate [103m^2]	Verweildauer [a]
Pulvermaar	653	12.541	197	64
Weinfelder Maar	450	3811	85	45
Ulmener Maar	265	958	980	1
Gemündener Maar	309	1251	124	10
Schalkenmehrener Maar	**528**	**3004**	**318**	**9**
Meerfelder Maar	571	2232	373	6
Holzmaar	272	478	504	1

Tab. 5: Morphometrie der Eifelmaare, wobei das bearbeitete Maar hervorgehoben wurde (ergänzt nach SCHARF & OEHMS, 1992).

Quelle: Sirocko, 2009

Die Mächtigkeit der Warve wird durch den saisonalen Sedimenteintrag zur Bohrstelle definiert, wobei das Wasser den entscheidenden Faktor des Materialtransportes darstellt. Aus diesem Grund kann das Sediment an Ort und Stelle abgelagert worden sein oder durch interne Seeumlagerungen an die Bohrlokation gelangt sein. Des Weiteren wird durch die Fließgeschwindigkeit des eingetragenen Wassers die mitgeführte Partikelgröße definiert, wodurch Rückschlüsse auf die Stärke des Hochwassers möglich sind. Entscheidend hierfür sind das jeweilige Einzugsgebiet der Maare und dessen Gefälle, welches exemplarisch in dem Geländemodell (Abb. 31) für den bearbeiteten Kern aus dem Schalkenmehrener Maar ermittelt wurde. Hierbei repräsentiert der Sedimenteintrag das ermittelte Einzugsgebiet des Maares, welches die Fläche angibt, über die Niederschläge in das Maar fließen können (Tab. 5). Entscheidende Faktoren für die Erosion der Böden und den direkt daraus resultierenden Sedimenttransport des Einzugsgebietes sind die Bodenbeschaffenheit und die Vegetationsdichte. So nimmt auch der Mensch, sowohl in der Vergangenheit als auch in der Gegenwart, durch landschaftliche Nutzung aktiven Einfluss auf den Materialtransport. Brach liegende oder geerntete Felder besitzen ein erhöhtes Erosionspotenzial, da der Boden nicht durch Wurzeln geschützt ist.

7.2.2 Schalkenmehrener Maar

Das Schalkenmehrener Maar hat einen Durchmesser von 528m, eine mittlere Tiefe von 14,5m und eine maximale Tiefe von 21m. Mit einer Seeoberfläche von 219.000m^2 gehört es zu den größeren Maaren der Eifel. Es besitzt keinen Zu- oder Abfluss durch einen Bach, so dass der gesammelte Niederschlag aus dem angrenzenden Trockenmaar den einzigen Eintrag in den Maarsee darstellt (Sirocko, 2009). Das Wasservolumen im Verhältnis zur jährlichen Abflussrate ergibt den Wert für die Verweildauer des Wassers in Jahren und ist mit 9a im mittleren Bereich anzusiedeln.

Im Süden grenzt der Ort Schalkenmehren an das Maar und im Nord-Osten erstreckt sich die Fläche des Trockenmaares (Abb. 30). Daher handelt es sich genau genommen um 2 Maare in unmittelbarer Nachbarschaft (Büchel, 1994; Meyer, 1988). Das Trockenmaar ist bereits verlandet und wird in der vorliegenden Arbeit nicht behandelt. Deshalb beziehen sich alle Erwähnungen des Schalkenmehrener Maares auf den Maarsee. Allerdings dient das Trockenmaar heute als Einzugsgebiet des Maares, welches durch die landwirtschaftliche Nutzung wechselnden anthropogenen Einflüssen ausgesetzt ist (Abb. 31). Außerdem ist das Einzugsgebiet relativ klein, da es nur 0,6-mal so groß wie die Seeoberfläche des Schalkenmehrener Maar ist und mehr oder weniger nur aus der Fläche des benachbarten Trockenmaares besteht. Zusätzlich muss es im Mittelalter noch einen gelegentlichen Zufluss aus dem erwähnten Trockenmaar gegeben haben, da Schüttungen infolge von Hochwasserevents in anderen Bohrkernen aus dem Schalkenmehrener Maar identifiziert worden sind (Sirocko, 2009).

Abb. 30: Luftbild des Schalkenmehrener Maares. Am linken unteren Bildrand ist die Ortschaft Schalkenmehren zu sehen und im Hintergrund ist das Weinfelder Maar zu erkennen. Beide Maare gehören zusammen mit dem Gemündener Maar zur Dauner Maargruppe. Der Rand des benachbarten Trockenmaares ist am rechten unteren Bildrand zu erahnen.

Quelle: http://www.volksfreund.de/nachrichten/region/daun/aktuell/Heute-in-der-Dauner-Zeitung-Saubere-Maare-mit-Brief-und-Siegel;art751,2836720

Das Geländemodell der Dauner Maare, zu dem das Schalkenmehrener Maar gehört, zeigt die Bohrlokation mit dem Kürzel SM_{f2} an (Abb. 31). Die exakte Bohrung ist nach dem Gauß-Krüger-Koordinatensystem in dem Meridianstreifen 2 mit dem Rechtswert 2561310 und dem Hochwert 5559585 lokalisiert. Ebenfalls sind die Flächen des Trockenmaares zu erkennen und der Zufluss im Falle eines Starkregen-Ereignisses ist gekennzeichnet. Der Bohrkern SMf_2 ist mit dem vorgestellten „Freeze-Verfahren" gewonnen worden, 2,15m lang und umfasst ungefähr die letzten 1000 Jahre.

Im Rahmen der Bohrkerngewinnung wurden auch 50 Wasserproben aus unterschiedlichen Wassertiefen entnommen und auf ihre Korngrößenzusammensetzung hin analysiert. Als Ergebnis im Bereich der Wellenwirkung bis 2m Wassertiefe wurde nur ein sandig-kiesiges Restsediment vorgefunden. Die feineren Korngrößen, sprich Ton, Silt und Feinsand, wurden in dieser Tiefe infolge der Wellenbewegung aufgewirbelt und anschließend durch die Strömung in die Mitte des Sees transportiert, wo sich das Sediment langsam absetzt. Ab einer

Wassertiefe von 2m beginnt ein kontinuierlicher Unterwasserhang mit etwa 30° Gefälle bis in etwa 20m Wassertiefe, wo der Maarboden stark verflacht und somit eine fortgeschrittene Verlandung anzeigt (Sirocko, 2009).

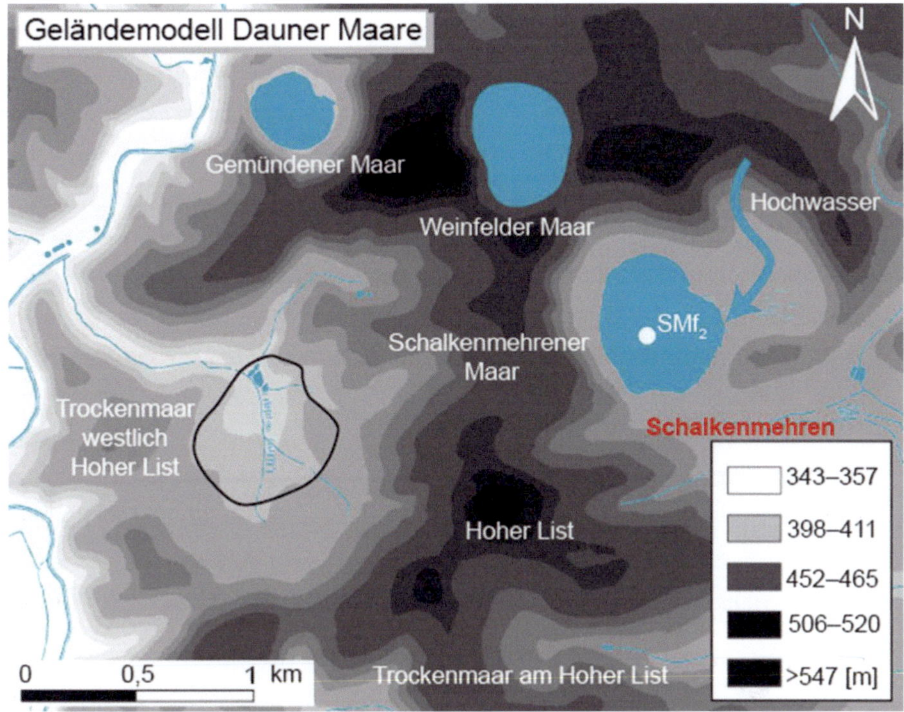

Abb. 31: Geländemodell der Dauner Maare. Die Abbildung zeigt sowohl die Bohrlokation SM$_{f2}$ auf dem Schalkenmehrener Maar als auch den Zufluss zum Maar bei Hochwasser oder Starkregen.

Quelle: verändert nach Sirocko, 2009

8) Methodik

Nach den Voruntersuchungen an den beiden „Freeze-Kernen" Hm_f und Um_f wurde mit der Aufbereitung des eigentlichen Forschungskerns SM_{f2} begonnen. Unmittelbar nach der Bohrkerngewinnung im Rahmen des ELSA-Programmes wurden aus dem Bohrkern 10cm lange Proben gestochen. Diese wurden anschließend gefriergetrocknet und mit Kunstharz getränkt, weshalb die Proben Tränklinge genannt werden. Danach wurden die Tränklinge zu Dünnschliffen mit einer Dicke von 30µm verarbeitet, anhand derer die Korngrößenzusammensetzung bzw. -verteilung mittels digitaler Bildanalyse (RADIUS; Rapid Particle Analysis of digital images by ultra-high-resolution scanning of thin sections) quantifiziert wurde (Abb. 32). Die daraus entstandenen, 3,6mm breiten polarisierten Bilder, sogenannte „Thin Sections", wurden mit den digital aufbereiteten normalen Dünnschliffbildern parallelisiert. Der Vorgang wurde in Detailarbeit mit dem Programm Adobe Illustrator vollzogen und war notwendig, um die Analyse der chemischen Zusammensetzung simultan auf der gleichen Linie zu messen, wodurch beide Messungen direkt miteinander korrelieren. Dadurch konnten sowohl die exakte Lage der Messung als auch die Start- und Endpunkte genau auf die Tränklinge übertragen werden, was eine zwingende Voraussetzung für die Messung der geochemischen Analyse mittels Mikroröntgenfluoreszenzanalyse (µ-XRF) an den Tränklingen ist (Dietrich und Sirocko, 2009).

Anschließend wurden die zu untersuchenden Events festgelegt. Hierfür wurden die identifizierten Eventlagen aus der Diplomarbeit des Herrn Fritz an der Universität Mainz als Grundlage übernommen und überarbeitet. Danach wurden die so definierten 35 größten Events mit allen verfügbaren Daten mittels Adobe Illustrator auf Din-A3-Format parallelisiert, visualisiert und ausgewertet. Abschließend wurden die Eventlagen zur endgültigen Einteilung unter einem Olympus U-TTBI Mikroskop studiert und fotografiert.

Die Erstellung der Tränklinge und der Dünnschliffe war zu Beginn der Diplomarbeit schon abgeschlossen. Ebenfalls lagen Teildaten der Messung der Korngrößen mittels Radius-Verfahren bereits vor. Allerdings fehlte hierbei die Auswertung der Daten, die Digitalisierung der Dünnschliffe und die Parallelisierung der „Thin Sections" mit den digitalen Dünnschliffbildern. Nachdem die Nacharbeiten abgeschlossen waren, wurden alle weiteren Schritte und Verfahren im Rahmen dieser Arbeit eigenständig durchgeführt. Für die Auswertung der Daten und Bilder wurde bevorzugt MS Excel und Adobe Illustrator verwendet. Hierbei wurden die komplexen Grafiken zuerst mit Adobe Illustrator erstellt und anschließend in das Format jpg umgespeichert. Zum einen war dieser Schritt notwendig, um die Grafiken in Word integrieren zu können, zum anderen um das Datenvolumen zu verkleinern. Die originalen ai-Grafiken des Adobe Illustrator finden sich zusammen mit den gesamten Datensätzen und allen verwendeten Fotos auf der beigefügten DVD. Um die Methodik besser nachvollziehen zu können, sind nachfolgend die verwendeten Methoden detailliert beschrieben.

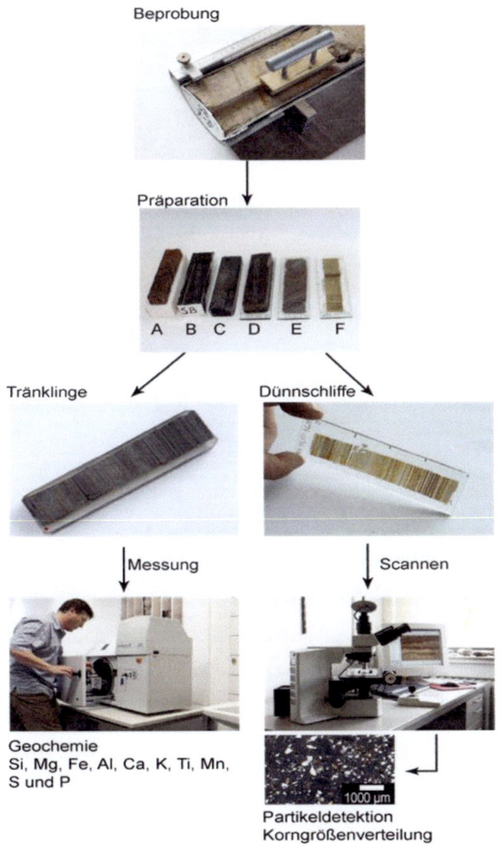

Abb. 32: Vom Bohrkern bis zur Messung. Aus dem Bohrkern werden 10 cm lange Proben ausgestochen, gefriergetrocknet und mit Kunstharz getränkt. Die Tränklinge werden weiter zu Dünnschliffen mit etwa 30 µm Dicke heruntergeschliffen. Anschließend wird die Korngrößenzusammensetzung mittels digitaler Bildanalyse (RADIUS) aus den Dünnschliffen quantifiziert. Die Messung der chemischen Zusammensetzung (µ-XRF) erfolgt direkt an den Tränklingen.

Quelle: Dietrich und Sirocko, 2009

8.1 Korngrößenanalyse

RADIUS ist eine am Institut für Geowissenschaften entwickelte Partikel-Detektionsmethode, die auf numerischen Analysen polarisierter Dünnschliffaufnahmen basiert (Seelos und Sirocko, 2005). Die Routine gliedert sich in drei Einzelmodule. Die ersten Stufen RADIUS-1 und RADIUS-2 sowie AnalySIS Makroskripts dienen zur automatisierten Aufnahme von polarisierten Dünnschliffbildern und zur Auswertung bzw. Vermessung der Einzelpartikel in den Präparaten. Das Hauptmodul RADIUS-3 ist ein numerisches Analyseprogramm zur statistischen Auswertung von Partikel-Kenngrößen. Gekoppelt an das Analyse-Programm ist eine Mustererkennungs-Routine zur Identifikation von Sedimentstrukturen in RADIUS-3 integriert.

1. Digitale Dünnschliffaufnahme

Die Dünnschliffe werden schrittweise auf einem vollautomatisierten Polarisationsmikroskop (Olympus BX-51, Abb.1a) mittels digitaler Mikroskopkamera (SiS Colorview II) aufgenommen. Das Scannen der polarisierten Einzelbilder wird bei 20-facher Vergrößerung durchgeführt. Ein kompletter Scandurchgang umfasst 40 Einzelaufnahmen, die anschließend zu einem Gesamtbild des Schliffes zusammengefügt und als „Thin Section" bezeichnet werden.

2. Farbdetektion und Vermessung von Partikeln

Polarisierte Dünnschliffbilder bilden die Grundlage zur Farbdetektion von Partikeln (Identifizierung/Erkennung von Farbflächen in digitalen Bilddaten). AnalySIS, gesteuert über das RADIUS-2-Modul, nutzt die Farbunterschiede zur automatisierten Erkennung der Komponenten im Dünnschliff. Im Modul sind für die Auswertung der 10cm-Dünnschliffe 1000 ROIs (Region of Interest) fest definiert; daraus resultiert eine Probenauflösung der RADIUS-Analyse von 100µm.

3. Numerisches Partikelanalyse-Programm

RADIUS-3a ist ein numerisches Analyseprogramm (basierend auf der Programmiersprache Matlab, Seelos 2004). Die Applikation berechnet statistische Kenngrößen (Perzentile, Schiefe der Verteilung, diverse Sortierungsparameter usw.) aus den importierten Datensätzen und stellt sie grafisch dar. Der finale Datensatz nach der Analyse umfasst 18 statistische Kenngrößen pro Farbphase.

4. Numerische Mustererkennung zur Identifikation von Sedimentstrukturen

RADIUS-3b ist eine numerische Mustererkennung zur Erfassung von Turbiditen, äolischen Sedimenten, Tephren und organischen Komponenten. Das Modul überprüft alle Datensätze der Partikelanalyse auf typische numerische Muster, die eine Unterscheidung in die oben erwähnten Events zulassen. Gleitende Gradientanalysen und Korrelationskoeffizienten werden beispielsweise zur Unterscheidung von Turbiditen und Staublagen eingesetzt. Ermittelte Korrelationskoeffizienten und Gradienten liegen im Wertebereich zwischen -1 und +1. Eine komplette Event-Detektion umfasst pro Dünnschliff 200 Durchgänge mit insgesamt 53 Einzelalgorithmen pro 500-µm-Segment. Hohe Übereinstimmungen mit den jeweiligen Events (Turbidit, Staub/Löss, Tephra, Organik) spiegeln sich grafisch in großen Amplituden der Detektionsergebnisse wider.

8.2 µ-XRF

Die Röntgenfluoreszenzanalyse (XRF) ist eine Methode, mit der festes, gepulvertes und flüssiges Probenmaterial auf die geochemische Elementzusammensetzung untersucht werden kann. Es können sowohl qualitative wie auch quantitative Nachweise durchgeführt werden, wobei bei einer quantitativen Bestimmung Standards hinzugezogen werden müssen, da die XRF eine vergleichende Analysemethode ist. Die Messungen können mittels energiedispersiven und winkel-/wellenlängendispersiven XRF-Geräten durchgeführt werden. In der vorliegenden Diplomarbeit wurde eine energiedispersive (ED) µ-XRF verwendet, wobei der Zusatz µ lediglich bedeutet, dass der Röntgenstrahl mittels Röntgenoptiken auf wenige Mikrometer fokussiert wird, um somit eine Auflösung im Mikrometer-Bereich zu erhalten.

Die in der Röntgenröhre entstehende Röntgenstrahlung tritt durch das Röhrenfenster aus, welches dafür sorgt, dass niedrigenergetische Strahlung zurückgehalten wird. Die Strahlen erreichen nach dem Austritt einen Filter, der mehrere Aufgaben übernimmt: Er minimiert den Untergrund, schützt den Detektor vor zu hohen Intensitäten und filtert die für das Anodenmaterial charakteristische Röntgenstrahlung heraus.

Nachdem die Strahlung den Filter durchdrungen hat, trifft sie auf die Probe, die zur Eigenstrahlung angeregt wird und ein Röntgenspektrum aussendet. Dabei schlagen die in der

Röntgenröhre entstehenden Röntgenquanten Elektronen aus den Rumpfschalen der Atome des Probenmaterials heraus; wodurch äußere Elektronen auf die freien Lücken zurückfallen können und ein Photon emittiert wird. Dieses Photon ist elementspezifisch und seine Energie resultiert aus der Differenz der Bindungsenergie des Rumpfelektrons und der des nachrückenden Elektrons einer äußeren Schale. Demnach muss die Energie der Röntgenstrahlung höher sein als die Bindungsenergie der Rumpfelektronen. Die inneren Elektronen werden bevorzugt, da ihre Energieausbeute am größten ist. Um charakteristische Röntgenstrahlen emittieren zu können, muss mindestens eine abgeschlossene Elektronenschale vorliegen und auch wenigstens ein Elektron in einer höheren Schale existieren, welches zurückfallen kann. Da die Wahrscheinlichkeit, dass Elektronen aus der 2s-Schale auf die 1s-Schale überwechseln, sehr gering ist, funktioniert die Methode erst ab Elementen höher Beryllium.

Als Detektor wird bei der ED-XRF ein ED, Lithium-gedrifteter Si-Detektor verwendet, welcher aus einem Si-Einkristall besteht. Sobald ein Röntgenquant auf den Detektor trifft, entstehen Photoelektronen, welche durch den Kristall diffundieren und ihre Energie unter Erzeugung von Elektron-Loch-Paaren abgeben, die im angelegten elektrischen Feld abgesaugt werden. Da die Anzahl an erzeugten Elektron-Loch-Paaren zu der Energie des Röntgenquants proportional ist, kann über den Stromfluss auf die Röntgenenergie zurückgeschlossen werden. Allerdings ist zu beachten, dass bei Verwendung der ED-XRF der Si-Li-Detektor ununterbrochen mit flüssigem Stickstoff gekühlt werden muss, da es sonst zu einer erhöhten Diffusion der mobilen Lithium-Ionen kommt. Außerdem wird der Vorverstärker, der sich direkt hinter dem Detektorkristall befindet, mitgekühlt. Dadurch können sehr geringe Ladungsmengen registriert werden, womit das Rauschen reduziert wird.

Sowohl die energiedispersive als auch die winkel-/wellenlängendispersive Spektrometrie besitzt Vor- und Nachteile. So zeichnet sich die ED-XRF durch eine simultane Messung der Anzahl und der Energie der emittierten Quanten aus. Zusätzlich spricht eine kürzere Messdauer, einfachere Auswertung der Spektren und eine geringere Anregungsenergie in Bezug auf die gleiche Leistung für die energiedispersive Auswertungsvariante. Nachteile sind vor allem in der vielfach schlechteren Auflösung der Detektoren zu finden. So ist es nicht möglich, sehr nah aneinander liegende Peaks unterschiedlicher Elemente voneinander zu trennen. Des Weiteren ist auch die ständige Kühlung der Detektoren mit flüssigem Stickstoff zu erwähnen. Daher ist je nach Frage- bzw. Aufgabenstellung abzuwägen, welche Variante der XRF benutzt wird.

In der vorliegenden Analyse wurde die kontinuierliche Messung der geochemischen Zusammensetzung der einzelnen Tränklinge mit einer Eagle III-µ-XRF (Röntgenanalytik Messtechnik, Taunusstein) vorgenommen. Die Analyse wurde mittels ED-XRF durchgeführt, wobei die Tränklinge auf die Elemente Na, Si, Mg, Fe, Al, Ca, K, Ti, Mn, Ni, Cu, S, P, Sr und Zr hin untersucht wurden. Während der Messung war die Probenkammer evakuiert. Aus diesem Grund ist es möglich, auch leichte Elemente wie Si und Al zu messen, da durch die Evakuierung kein Verlust der Strahlungsintensität infolge von Absorption an der Luft stattfinden konnte. Allerdings wird das Element Natrium verworfen, da es auch im Kunstharz, welches bei der Präparation der Proben eingesetzt wird, vorhanden ist.

Die Messergebnisse werden als Intensitäten (counts per second, cps) angegeben. Eine Kalibration zur Messung der Konzentrationen ist wegen der hohen Variabilität der Sedimentmatrix problematisch (Dietrich, 2009). Diese wird z. B. beeinflusst durch nicht konstante Gehalte an Wasser oder Organik, Korngrößeneffekte oder Porosität. Die µ-XRF-Resultate werden aber durch quantifizierte Messergebnisse (Angabe in Gew.-%) mittels einer wellenlängendispersiven XRF (WD-XRF, Philips MagiX Pro) an diskreten Proben evaluiert.

9) Ergebnisse

Als Ergebnis der verschiedenen Messungen liegen 4 detaillierte Grafiken mit allen parallelisierten Daten vor (Anhang C). Die Grafiken sind immer nach demselben Schema aufgebaut, welches sich wie folgt von links nach rechts darstellt:

- Maßstab
- Ausgerichtete Dünnschliffe
- Parallelisierungsbalken
- Kernfoto mit Warven und Eventeinteilung
- Ausgerichtete und graphisch aufbereitete Messwerte
- Nummerierte Eventlagen mit zugehörigem Datum

Der Maßstab ist selbsterklärend und gibt die Tiefe des Bohrkerns an. Allerdings beginnt dieser nicht am oberen Ende des Bohrkerns, sondern 2cm tiefer. Der Nullpunkt ist mit einem kleinen gelben Kreuz auf dem Kernfoto markiert.

Die Dünnschliffe mussten nicht nur mit den Tränklingen für eine simultane Messung parallelisiert werden, sondern zusätzlich auch an dem Kernfoto ausgerichtet werden. In Detailarbeit wurden die Parallelisierungsbalken gesetzt und die Dünnschliffe dementsprechend angeordnet. Dies erklärt, warum die Dünnschliffe nicht beim Nullpunkt beginnen und 2 kleine Lücken am unteren Ende aufweisen.

Das Kernfoto mit der Warven- und der Eventeinteilung wurde aus der Diplomarbeit von Fritz, 2011 übernommen und leicht überarbeitet. Der obere Teil des Kernfotos wurde abgeschnitten, so dass dieses genau beim Nullpunkt beginnt.

Die Messwerte sind die einzigen Werte, die sich auf den Grafiken ändern. Es wurden sowohl die Daten der µ-XRF als auch die Daten der Korngrößenanalyse mittels MS Excel geplottet. Hierbei ist zu erwähnen, dass die Messwerte an die Parallelisierung angepasst wurden und anschließend mit Adobe Illustrator ausgerichtet wurden.

Die Eventlagen wurden von oben beginnend durchnummeriert und mit der dazugehörigen Jahreszahl versehen. Die Auswahl der Eventlagen wurde aus der Diplomarbeit von Fritz, 2011 übernommen und angepasst.

Nach der Auswertung der verschiedenen Parameter wurde die Abbildung 33 erstellt. In dieser sind die wichtigsten 4 Parameter dargestellt. Zusätzlich wurde als Referenzwert die Warvendicke gegen die Tiefe geplottet, um die Übereinstimmung der Parallelisierung zu überprüfen.

Bei den Messdaten der µ-XRF ist zu erwähnen, dass die Natriumkurve nicht verwendet werden kann. Bei der Konservierung der ursprünglichen Probe wird Kunstharz verwendet, welches Natrium enthält. Aus diesem Grund werden die Messwerte von Natrium verfälscht und sind unbrauchbar. Des Weiteren zeigen fast alle gemessenen Elemente eine zu geringe Variation und nur gelegentliche Ausschläge an, wodurch eine stichhaltige Interpretation nicht möglich ist. Außerdem lag der Fokus von Beginn an auf dem Element Aluminium, da dieses bevorzugt in Tonmineralen eingebaut wird. Die Tonminerale setzen sich vor allem im Winter ab und bilden die Grundlage der klastischen Sedimentfraktion eines Maares. Zusätzlich werden große Kationen zwecks Ladungsaustauschs in das Gitternetz der Tonminerale eingebaut. Durch diese Eigenschaft kombiniert mit der Tatsache, dass Tonminerale Kationen am Rand auszutauschen können, kommt es zur Anreicherung von Kalium, weshalb Kalium in Kombination mit Aluminium ein Indikator für die Identifizierung von Tonmineralen ist.

Die Messung der Korngrößenverteilung mittels RADIUS lag zu Beginn der Arbeit bereits vor. Bei der Auswertung wurde festgestellt, dass 2 Dünnschliffe fehlerhaft gemessen wurden, wodurch die 2 Messlücken bei den Tiefen 0,36 bis 0,42m und 0,70 bis 0,80m zu erklären sind. Zusätzlich ist der komplette Datensatz auf insgesamt 9 Kenngrößen reduziert worden, was eine automatische Eventdetektion mittels RADIUS unmöglich macht. Außerdem zeigen die Messdaten der dunklen Körner und der Karbonate zu wenige Messwerte an, so dass beide Parameter als nicht sensitiv eingestuft werden. Die geeigneten Anforderungen werden nur von den hellen Partikeln erfüllt, weshalb diese ausschlaggebend sind. Abschließend wird darauf hingewiesen, dass die Detektion nur Körner > 20µm erfasst und somit keine Tonpartikel detektiert werden können. Aus diesem Grund muss bei der Anzahl der Körner der beiden Bereiche von 20-63µm und > 63µm gleichzeitig ein Minimum vorliegen, um größere Tonlagen anzuzeigen.

Ausgewählte Parameter aus µ-XRF und Korngrößenanalyse

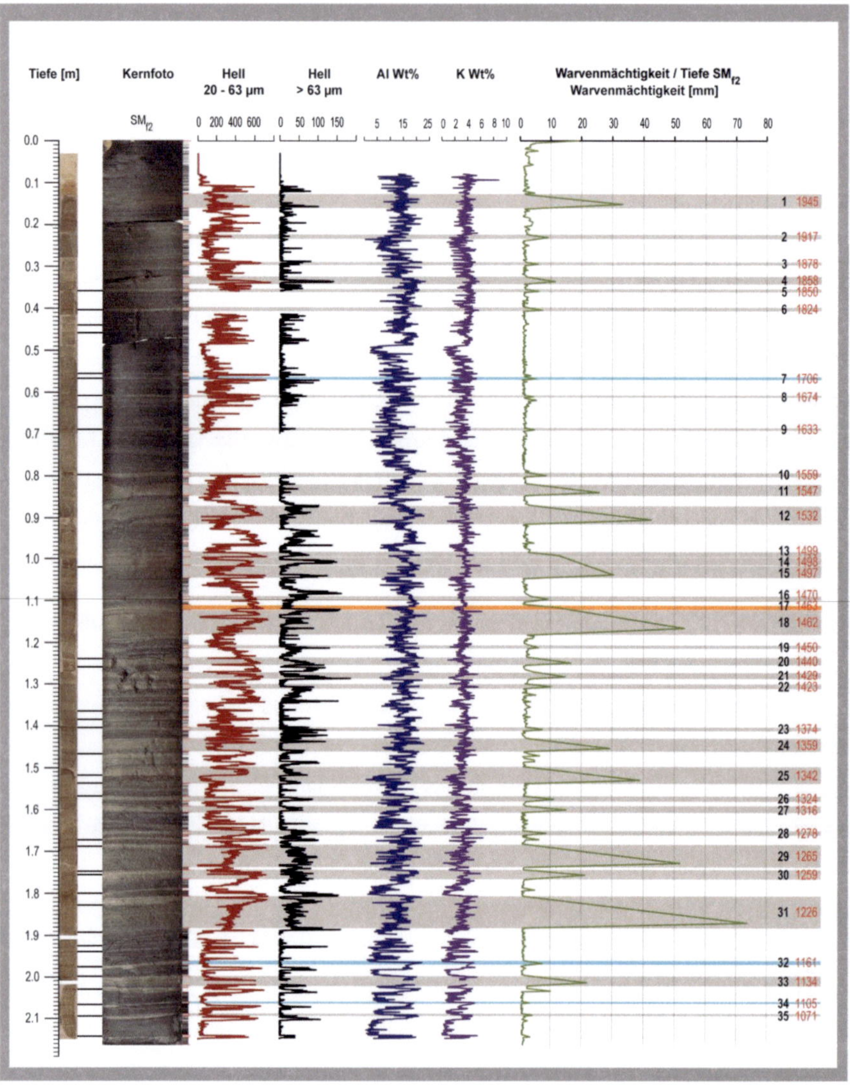

Abb. 33: Darstellung der wichtigsten Parameter aus der µ-XRF-Messung und der Korngrößenanalyse zur Einteilung der Eventlagen. Zusätzlich wurde als Referenzwert die Warvenmächtigkeit gegen die Tiefe geplottet. Die Hochwasserlagen sind grau, die extremen Winter sind blau und der Turbidit ist orange hinterlegt.

Die Sedimentationsvorgänge in einem Maar hängen maßgeblich von der Morphologie (Reliefenergie), dem Klima, der Art und Anzahl der Zu- und Abflüsse bzw. deren Liefergebiete, der Trophiestufe sowie von der Art des Maarsees (holo- oder meromiktisch) ab. Für die jüngeren Ablagerungen spielt zusätzlich der anthropogene Einfluss eine entscheidende Rolle. Dabei geben die mineralischen Markoreste eine Auskunft über die Herkunft der Sedimentpartikel, wobei die organischen Komponenten verschiedene Informationen über die Seeökologie und Umgebungsvegetation liefern. Unter normalen und geregelten Umständen stellen sich die jährlichen Ablagerungen im Schalkenmehrener Maar wie folgt dar:

Durch den hohen Nährstoffgehalt in Kombination mit geringem bis mittlerem klastischen Eintrag treten bevorzugt im Frühjahr und Sommer lagenbildende Algenblüten (Diatomeen) auf. Teilweise treten die Diatomeen schichtbildend auf, wobei eine Vermischung mit amorpher autochthoner organischer Substanz bzw. allochthonen Teilen höherer Pflanzen und mäßigen Mengen äolisch und fluviatil eingetragener klastischer Komponenten vorherrscht.

Die Winterlagen sind bevorzugt durch die Ablagerung feiner klastischer Sedimente (Silt und Ton) mit verringerten Ablagerungen von organischem Material gekennzeichnet. Als wichtige Größe hat sich dabei, je nach Abkühlung der Außentemperatur, die Minimierung bzw. das komplette Fehlen von Diatomeenablagerungen herauskristallisiert.

Das klastische Material wird im Wesentlichen durch unterschiedlich starken fluviatilen Zufluss während der regenreichen Jahreszeit (Herbst und Frühjahr) oder durch Wellenerosion im Uferbereich in das Maar eingetragen. Durch die hohe jährliche Variation sowohl in den biologischen als auch in den physikalischen Parametern kommt es unter normalen Bedingungen selten zur Ausbildung der theoretischen Reinformen. Meistens handelt es sich um Misch- oder Übergangstypen mit jährlicher Varianz (Zolitschka, 1998). Des Weiteren darf auch nicht außer Acht gelassen werden, dass es durch Strömungen zu Umlagerungen von Sedimentpartikeln kommen kann. Dies spielt aber durch die Ausbildung des Monimolimnions im Bereich des SM_{f2}-Freeze-Kerns eine untergeordnete Rolle.

Bevor es zur Ablagerung von Sedimentpartikeln in einem Maar kommt, stehen die Transportprozesse des organischen und klastischen Materials im Mittelpunkt. Teilweise wird das organische Material im See selbst produziert und sinkt dank der Gravitation zum Maarboden (autochthone Ablagerungerungen). Eingetragenes Material muss erst an Ort und

Stelle transportiert werden (allochthone Ablagerungen). Hauptverantwortlich für den Materialeintrag sind äolische und fluviatile Prozesse sowie Wellenerosion und Seespiegelschwankungen. In den Abbildungen 34 bis 36 sind die bevorzugten Transportprozesse innerhalb eines Maares dargestellt, wobei der Antrieb des Transportes entweder auf die Gravitation, die Geschwindigkeit bzw. Strömung oder eine Kombination von beiden Parametern zurückzuführen ist. Welche Form des Sedimenttransports auftritt, entscheidet sich nach der Größe, Masse und Form des Korns und nach der angreifenden Strömungs- bzw. Gravitationskraft.

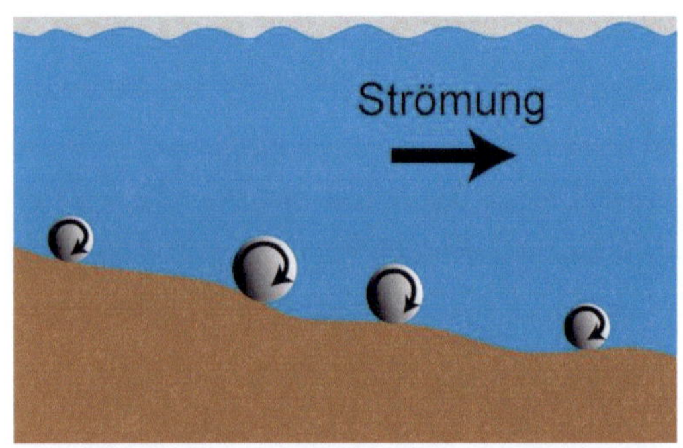

Abb. 34: Rollender Sedimenttransport

Das Sediment bleibt in ständigem Kontakt mit dem Boden. Normalerweise rollen bevorzugt größere Sedimentkörner wie Steine und Kies. Teilweise tritt angesichts der Kornform auch ein rutschender Sedimenttransport auf.

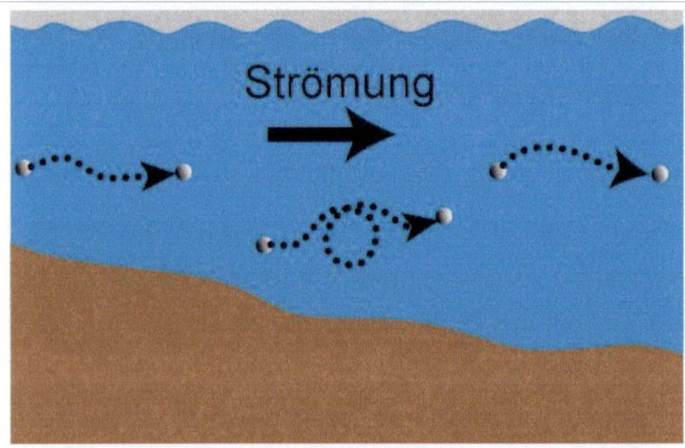

Abb. 35: springender Sedimenttransport

Das Sedimentkorn, z .B. kleine Kieselsteine oder Sandkörner, verlieren durch die Strömung oder das Gefälle kurzzeitig den Kontakt zum Grund. Es sieht so aus, als ob das Korn springt. Die Strömung reißt es weiter mit, bevor sich die Partikel wieder ablagern können

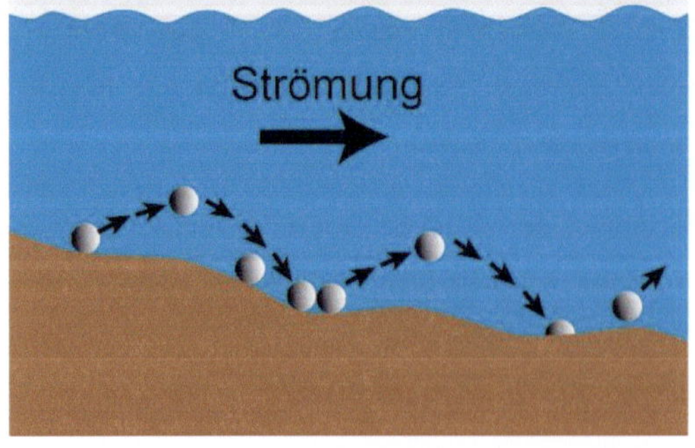

Abb. 36: Suspensionstransport

Kleine Sedimentkörner wie Silt- und Tonpartikel gehen in Suspension und verlieren den Kontakt zum Grund. Wesentliche Faktoren sind Sinkgeschwindigkeit (Durchmesser, Form und Dichte des Kornes; Dichte des Wassers) und Strömungsparameter (Geschwindigkeitsverteilung und Turbulenzen).

Zusätzlich zu den normalen Sedimentationsprozessen entstehen infolge von extremen Ereignissen spezielle Eventlagen. Hierzu gehören Hochwasser- und Eislagen, Turbidite sowie vulkanische Aschen. Auf genaue Erläuterungen der vulkanischen Ablagerungen wird wegen fehlenden Vorkommens im behandelten Freeze-Kern verzichtet.

Hochwasserlage

Hochwasser- und Sturmevents ziehen sehr chaotische und unregelmäßige Ablagerungen nach sich. So kann der fluviatile Eintrag infolge von Starkregen ein singuläres Ereignis sein oder sich innerhalb von Tagen und Wochen mehrmals wiederholen. Für den verstärkten Sedimenteintrag sind zwei Prozesse hauptverantwortlich. Zum einen führen starke Niederschläge zu einem erhöhten fluviatilen Eintrag aus dem gesamten Einzugsgebietes des Maares. Hierbei werden hauptsächlich Sand-, Silt- und Tonkorngrößen eingetragen, wobei an Steilufern auch größere Steine ins Rutschen kommen können. Im Schalkenmehrener Maar verläuft der fluviatile Eintrag bevorzugt über die Hänge und Ebenen des benachbarten Trockenmaares (Abb. 31). Zum anderen gehen große Niederschlagsmenge vermehrt mit Gewittern und Sturm einher, wodurch der erhöhte Wellenschlag zusätzlich zu großen Erosionen im Uferbereich führt. Die Höhe der Wellen ist dabei entscheidend für den Sedimenteintrag und direkt von der Windgeschwindigkeit abhängig. Durch die relativ große Oberfläche des Schalkenmehrener Maares kann es zur Ausbildung von bis zu 30cm hohen Wellen während eines Sturmevents kommen (Pfahl, 2009). Somit ergeben sich der resultierende Sedimenteintrag und die Ausbildung verschiedener interner Strömungen aus einer Kombination der beiden Hauptfaktoren.

Das grobkörnige Material der Suspensionslösung setzt sich angesichts der reduzierten Bewegungsenergie gravitativ in Ufernähe ab. Die Ton-, Silt- und teilweise auch die Sandfraktion werden je nach Ausbildung der Strömungsgeschwindigkeit als Schwebfracht in der Wassersäule bis ins Maarzentrum transportiert. Des Weiteren werden auch vermehrt unterschiedliche biogene Partikel (Pollen, Diatomeen, Pflanzenreste oder -samen etc.) angesichts ihres leichten Gewichtes bis ins Maarzentrum mitgeführt.

Hinsichtlich der unterschiedlichen Sinkgeschwindigkeiten des eingetragenen Materials kommt es bei der Ablagerung zur leichten Gradierung der Eventlage. Allerdings wird die Gradierung infolge wiederholten fluviatilen Eintrags überlagert und es kommt normalerweise zu einer variierenden Korngrößenablagerung. Daraus folgen auch die variierenden Gehalte an Aluminium und Kalium, die bei feineren Teilablagerungen ansteigen und bei grobkörnigeren abfallen. Angesichts des erhöhten organischen Anteils der untersten Bereiche einer Hochwasserlage sind diese bevorzugt dunkler als die darüberliegenden Ablagerungen. Nachdem sich die Wetterlage beruhigt und der Sedimenteintrag zurückgegangen ist, lagern sich auch feinere Partikel ab, weshalb die Eventlage meistens durch eine Tonschicht abgeschlossen wird. Zusätzlich ist das Vorkommen einzelner grober Komponenten in der gesamten Eventlage, infolge des mehrmaligen variierenden Sedimenteintrages in das Maar, ein wichtiges Unterscheidungsmerkmal gegenüber verschiedenen Arten von Umlagerungen, bei denen sich grobe Körner nur auf die Basislage beschränken.

Extremer Winter (Eislage):

Langanhaltende niedrige Temperaturen können zur Ausbildung einer Eisschicht auf dem Maarsee führen. Durch die große Wärmespeicherkapazität von Wasser und der extremen Tiefe eines Maarsees geschieht dies nur sehr selten. Grundvoraussetzung hierfür ist, dass die gesamte Wassersäule auf 4 Grad abgekühlt ist. Erst danach kann sich durch Überschichtung mit Kaltwasser eine Eisschicht ausbilden. Dies hat weitreichende Konsequenzen für das Maar, da die windangetriebene Zirkulation des Oberflächenwassers zum Erliegen kommt, Strömungen ausbleiben und vollkommen ruhige Ablagerungsbedingungen vorliegen. Des Weiteren kann durch die Eisschicht kein weiterer Sedimenteintrag von außen in das Maar stattfinden, wodurch es zur reinen Ablagerung des Suspensionsmaterials innerhalb der Wassersäule kommt.

Die Ablagerungen sind fast ausschließlich klastischer Natur und aus Silt und bevorzugt Ton aufgebaut. Organische Ablagerungen sind normalerweise nicht zu identifizieren, da das Algenwachstum infolge der niedrigen Temperaturen und des Lichtmangels auf ein Minimum beschränkt ist und der Sedimenteintrag von außen fehlt. Allerdings kommt es bei der Ablagerung nicht zur Ausbildung einer starken Gradierung, da zum Zeitpunkt der Eisausbildung feine Partikel in der gesamten Wassersäule aufzufinden sind und sich nicht nur auf die obere Wassersäule beschränken. Im Schalkenmehrener Maar konnten die Tonlagen bevorzugt durch einen Kalium- und Aluminiumpeak bei der Elementverteilung identifiziert werden. Die Tonminerale Muskovit $KAl_2[(OH)_2/AlSi_3O_{10}]$ und Illit

$(K,H_3O)Al2[(OH)_2/AlSi_3O_{10}]$ weisen statistisch gesehen die größte Anreicherung der beiden Elemente auf. Durch die Fähigkeit der Tonminerale, Kationen auszutauschen, gibt die Strukturformel nur eine statistische Möglichkeit an, weshalb eine endgültige Aussage nur über die Identifizierung der Tonminerale mittels Röntgendiffraktometrie möglich ist. Allerdings entsteht das Tonmineral Illit bevorzugt aus der chemischen Verwitterung von Muskovit und Eruptivgesteinen, wie sie in der Eifel vorliegen (Jasmund und Lagaly, 1993).

Turbidit:

Ein Turbidit ist ein singuläres, plötzlich einsetzendes Ereignis, bei dem es zur Entmischung des gesamten mitgeführten Sedimentpaketes kommt. Als Ursache für die Auslösung eines Turbidit kommen Erdbeben, Wellenschlag, Seespiegelschwankungen, umstürzende Bäume und Schuttlawinen in Betracht. Erdbeben sorgen durch die physikalischen Erschütterungen für eine Bewegung des Korngefüges, Wellenschlag und Seespiegelschwankungen können zum Lösen bzw. Einstürzen größerer Sedimentpakete im Uferbereich führen, wohingegen umstürzende Bäume und Schuttlawinen für eine Verdrängung und Aufwirbelung von Lockersediment durch ihr Eigengewicht sorgen. Alle spontanen Ursachen ziehen eine Destabilisierung des Korngefüges nach sich, infolge dessen die abgelagerten, unverfestigten und wassergesättigten Partikel untereinander den Kontakt verlieren und in einer turbulenten Suspensionslage vom Uferbereich zum Maarboden fließen. Dabei werden die feinkörnigen Bestandteile aufgewirbelt und in der Suspensionswolke mitgeführt, während das dichtere und schwerere Material am Boden bleibt und den Abhang hinabrollt oder springt.

Die Ablagerungen erstrecken sich über die gesamte Bodensohle, wobei sich schwere und große Partikel, wegen abnehmender Transportkraft des Trübestroms, zuerst absetzen. Die leichteren und kleineren Partikel bleiben wesentlich länger in der Schwebe, weshalb es zur Ablagerung eines stetig gradierten Sediments kommt. Dabei entsteht die Gradierung sowohl in vertikaler als auch in longitudinaler Richtung. Die abgelagerten Sedimente weisen eine weit gestreute Korngrößenverteilung bei mäßiger Sortierung auf. Im Gegensatz zu einer Hochwasserlage beschränken sich die grobkörnigen Partikel nur auf die Basislage.

Die Einteilung der Eventlagen in Hochwasser, Turbidit und extremer Winter (Eis) erfolgte durch eine Kombination der Theorie und der Messdaten. Abschließend wurde die Einteilung durch die Betrachtung der Dünnschliffe unter einem Olympus-U-TTBI-Mikroskop bei einer

50-fachen Vergrößerung abgeglichen und gegebenenfalls korrigiert. Gleichzeitig wurden Fotos der ausgewählten Eventlagen, bei der gleichen Vergrößerung, mittels einer Olympus-U-TVO sowohl unter Durchlicht als auch unter polarisiertem Licht mit dem Programm Cell (Soft Imaging System) erstellt. Die gesamten Fotos aller Eventlagen inklusive Maßstab sind auf der beigefügten DVD unter dem Ordner: Die kompletten Daten, Unterordner Teil 2, Fotos der Eventlagen zu finden. Die Höhe der Vergrößerung war notwendig, um pflanzlichen Detritus und Diatomeen unter dem Mikroskop sichtbar zu machen. Die endgültige Einteilung der 35 identifizierten Events ist in der Abbildung 33 hochauflösend dargestellt und setzt sich folgendermaßen zusammen:

- 31 Events sind Hochwasserlagen
- 3 Events sind auf extreme Winter zurückzuführen und
- 1 Event ist ein Turbidit

Exemplarisch werden im nachfolgenden Abschnitt 5 markante Eventlagen genauer beschrieben, bevor die drei Übersichtsgrafiken (Abb. 37-39) alle charakteristischen Daten und Eigenschaften der jeweiligen Kategorie kompakt zusammenfassen.

Event Nr. 7, Jahr 1706; Eis:

Die Eventlage befindet sich in einer Tiefe von 0,57m und ist mit einer Mächtigkeit von ca. 0,4cm eher gering ausgeprägt. Die Lage besteht fast ausschließlich aus sehr feinem klastischen Material. Organische Einschlüsse und Diatomeen-Ablagerungen sind nicht zu erkennen. Mit Hilfe der Korngrößenanalyse kann das klastische Material der Ton- bis Feinsiltfraktion zugeordnet werden. Gleichzeitig weist die Lage einen Peak in den Aluminium- und Kalium-Werten auf, was auf die Einbettung der Elemente in Tonmineralen zurückzuführen ist.

Event Nr. 17, Jahr 1463; Turbidit:

Die Eventlage besitzt eine Mächtigkeit von ungefähr 1cm und ist in einer Tiefe von 1,11m bis 1,12m zu finden. Die Basis wird von einer rein grobkörnigen Fraktion gebildet, wie sie sonst nicht in dem gesamten Bohrkern zu identifizieren ist. Die grobkörnige Fraktion beschränkt sich ausschließlich auf die Basis. Über der Basisschicht schließt sich immer feiner werdendes klastisches Sediment an, bis die Eventlage im Hangenden von einer Silt-Ton-Schicht abgeschlossen wird. Stellenweise sind Diatomeen-Ablagerungen und kleine organische

Partikel zu identifizieren. Die Gradierung der Lage von der Basis bis zum Top stellt eine Besonderheit im Kern da.

Event Nr. 25, Jahr 1342; Hochwasserlage:

Die Eventlage ist in einer Tiefe von 1,50m bis 1,54m zu finden und besitzt eine Mächtigkeit von ungefähr 4cm. Die Besonderheit der Lage besteht darin, dass sie zweigeteilt ist. Der untere dunkle Teil ist sehr reich an organischen Stoffen und beinhaltet erhöhte Mengen an grobem Material. Außerdem beinhaltet der Teilabschnitt viele Pflanzenreste, die stellenweise bereits mit bloßem Auge zu erkennen sind. Über dem dunkleren Abschnitt schließt sich ein heller Bereich an. Dieser ist bevorzugt aus feinkörnigem, klastischen Material mit eingeschalteten Diatomeen aufgebaut. Die Zweiteilung der Eventlage ist eine Folge der längeren Verweildauer feinkörniger Sedimentpartikel in der Wassersäule, währenddessen sich gröbere Partikel schon am Seegrund abgesetzt haben.

Event Nr. 31, Jahr 1226; Hochwasserlage:

Die Eventlage 31 stellt mit circa 7cm die mächtigste Lage im gesamten Kern da und ist in einer Tiefe von 1.81m bis 1.88m zu finden. Grobkörnige Partikel und organische Bruchstücke lassen sich in der gesamten Eventlage identifizieren, was auf einen wiederholten Suspensionseintrag infolge mehrerer Regenereignisse zurückzuführen ist. Des Weiteren sind auch Diatomeen-Ablagerungen in verschiedenen Größen und Formen zu erkennen. Abgeschlossen wird die Lage durch eine hellere und feinkörnigere Schicht, die sich erst langsamer nach dem wiederholten Suspensionseintrag ablagern konnte.

Event Nr. 34, Jahr 1105; Eis:

Die Eventlage ist in einer Tiefe von 2,065m angesiedelt und hat eine Mächtigkeit von ca. 0,3cm. Die Lage ist äußerst gleichmäßig mit sehr feinem klastischen Material aufgebaut und frei von organischen Ablagerungen. Die geochemische Analyse zeigt einen Aluminium- und Kaliumpeak, bei gleichzeitigem Minimum in der Silt- und Feinsandfraktion der Korngrößenanalyse. Die Kombination der Parameter markiert somit eine Eventlage mit erhöhter Ablagerung von Tonmineralien.

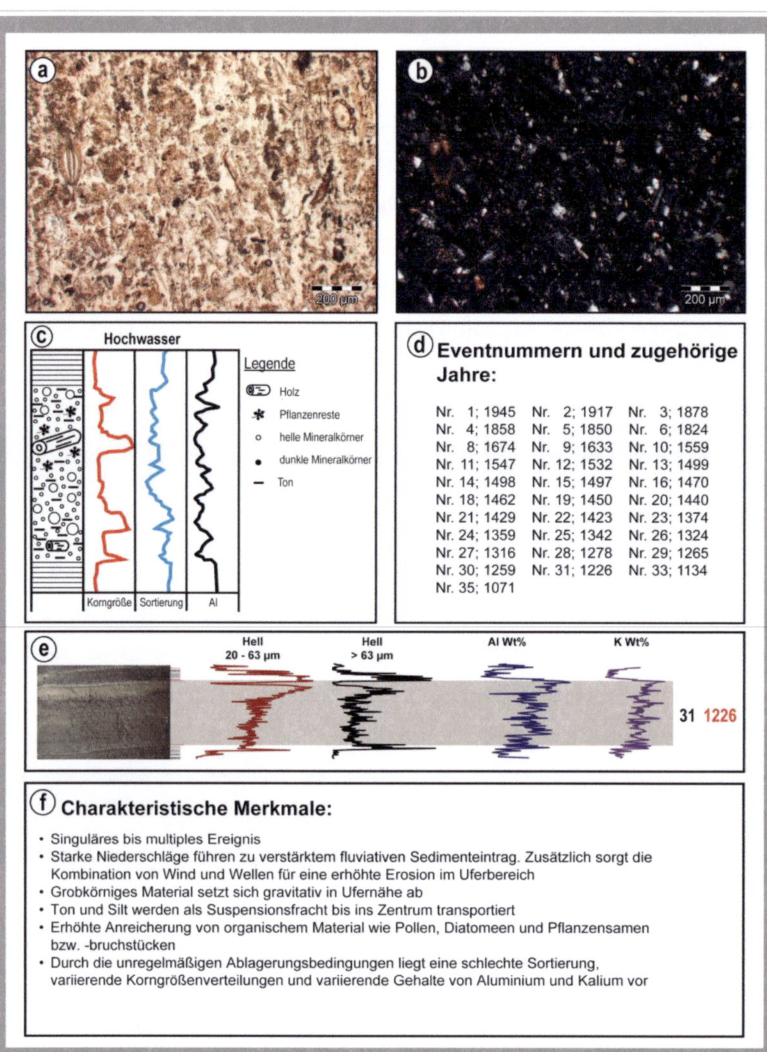

Abb. 37: Graphischer Überblick über die Eigenschaften der Hochwasserlagen. a) Dünnschlifffoto der Hochwasserlage 31 im Durchlicht bei 50-facher Vergrößerung. b) Dünnschlifffoto der Hochwasserlage 31 im polarisierten Licht bei 50-facher Vergrößerung. c) Schema einer idealisierten Hochwasserlage für die Korngröße, die Sortierung und den Aluminiumgehalt. e) Vergrößerte Darstellung der Messwerte für die Hochwasserlage 31. d) Auflistung aller identifizierten Hochwasserevents mit den dazugehörigen Jahreszahlen. f) Beschreibung der charakteristischen Merkmale zur Identifizierung einer Hochwasserlage.

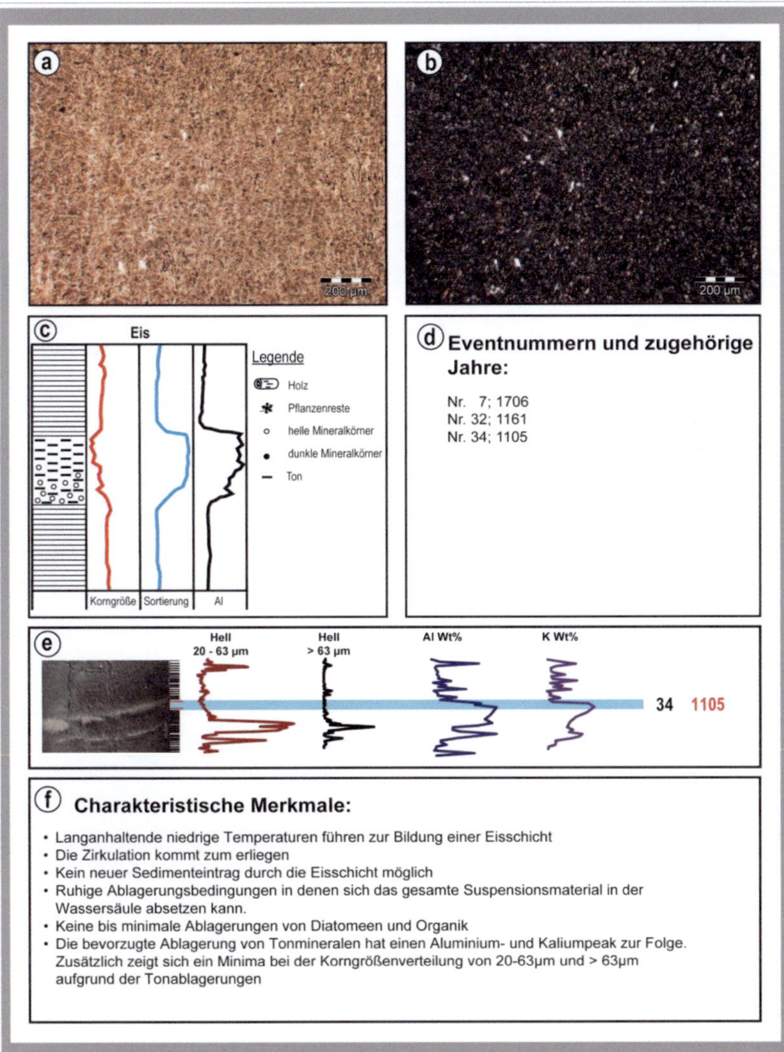

Abb. 38: Graphischer Überblick über die Eigenschaften der extremen Winterlagen. a) Dünnschlifffoto der extremen Winterlage 34 im Durchlicht bei 50-facher Vergrößerung. b) Dünnschlifffoto der extremen Winterlage 34 im polarisierten Licht bei 50-facher Vergrößerung. c) Schema eines idealisierten Eiswinters für die Korngröße, die Sortierung und den Aluminiumgehalt. e) Vergrößerte Darstellung der Messwerte für die extreme Winterlage 34. d) Auflistung aller identifizierten extremen Winter mit den dazugehörigen Jahreszahlen. f) Beschreibung der charakteristischen Merkmale zur Identifizierung eines extremen Winters.

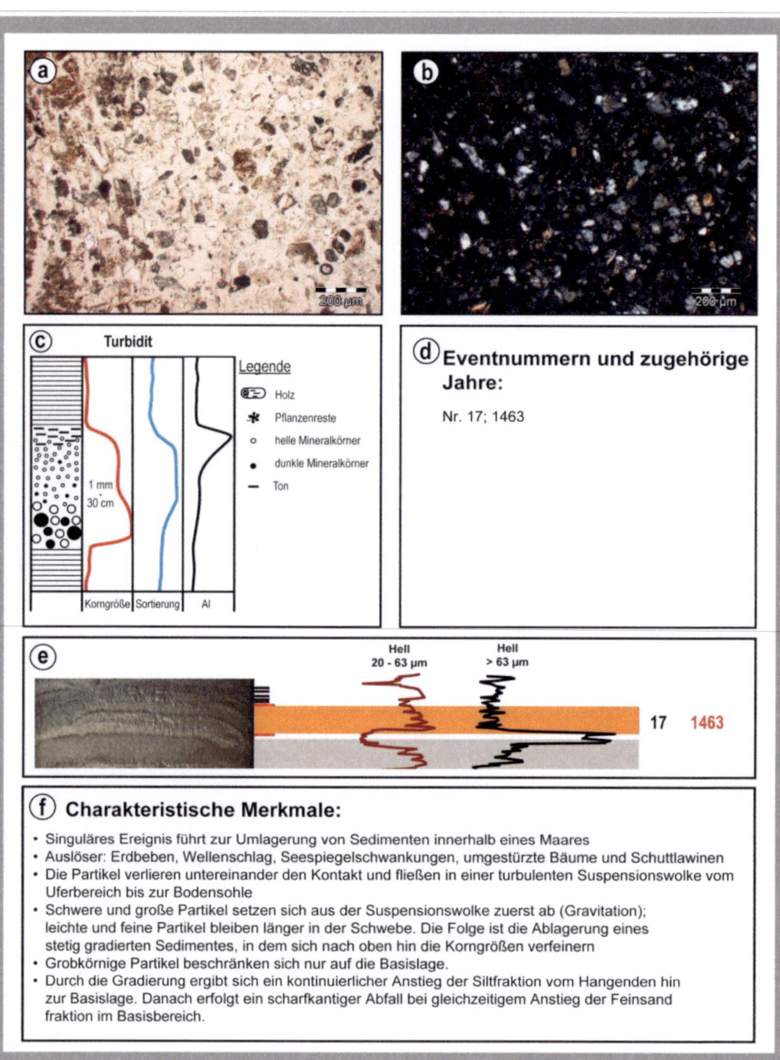

Abb. 39: Graphischer Überblick über die Eigenschaften einer Turbiditlage. a) Dünnschlifffoto der Turbiditlage 17 im Durchlicht bei 50-facher Vergrößerung. b) Dünnschlifffoto der Turbiditlage 17 im polarisierten Licht bei 50-facher Vergrößerung. c) Schema einer idealisierten Turbiditlage für die Korngröße, die Sortierung und den Aluminiumgehalt. e) Vergrößerte Darstellung der Messwerte für die Turbiditlage 17. d) Auflistung aller identifizierten Turbiditlagen mit den dazugehörigen Jahreszahlen. f) Beschreibung der charakteristischen Merkmale zur Identifizierung einer Turbiditlage.

Abschließend muss festgehalten werden, dass das Hauptziel dieses Abschnittes nicht erreicht werden konnte. Durch die Identifizierung von nur 3 Winterlagen ist es nicht möglich, die vorliegende Zeitreihe extremer Winter weiter in die Vergangenheit zu verlängern und die neuen Eiswinter auf Periodizität zu untersuchen. Aus welchem Grund es nur zur Ablagerung von drei Winterlagen gekommen ist, bleibt in dem Zusammenhang offen. Naheliegend ist, dass das ausgewählte Maar nicht sensitiv genug für winterliche Prozesse in den letzten 1000 Jahren ist. Allerdings war der Freeze-Kern SM_{f2} der einzige durchgängig laminierte Kern bis ins Jahr 2008, weshalb dieser für die Analyse ausgewählt worden ist. Ein weitere Ansatzpunkt könnten die weitaus geringeren Sedimentationsraten unter Eisbedingungen sein als angenommen, wodurch die Information in den nicht untersuchten kleineren Eventlagen stecken würde. Allerdings stellt sich dann die Frage, aus welchem Grund drei größere reine Tonlagen zur Ablagerung gekommen sind. Ein möglicher Ansatz hierbei ist, dass ein besonders großer Sedimenteintrag im Herbst vorliegen muss, damit es im Winter unter Eisbedingungen zur Ausbildung einer großen reinen Tonschicht kommen kann. Zur Klärung der Fragestellung sind weiterführende Untersuchungen und Analysen notwendig, weshalb die Ursachen an dieser Stelle nicht ausreichend behandelt werden können.

Das zweite Hauptziel, sprich verschiedene Unterscheidungsmerkmale der einzelnen Kategorien zu identifizieren, wurde in den Graphiken 37-39 vollständig umgesetzt.

Des Weiteren muss auch festgehalten werden, dass kein geeigneter Parameter der µ-XRF-Messung bestimmt werden konnte, der eine Identifizierung von extremen Winterlagen möglich macht. Hierfür ist nach wie vor eine Kombination aus µ-XRF-Messung und Mikrofaziesanalyse notwendig. Die Kombination von Aluminium- und Kaliumpeaks, die in der vorliegenden Arbeit im Zusammenspiel mit der Korngrößenanalyse zur Identifikation von Tonlagen herangezogen worden sind, zeigen auch viele Peaks ohne Bezug zu den großen Eventlagen. Ob diese bevorzugt in Zusammenhang mit kleineren Tonlagen stehen oder an andere Prozesse gekoppelt sind, konnte im Rahmen der Arbeit nicht abschließend beantwortet werden. Dies stellt aber eine interessante Fragestellung für zukünftige Projekte da.

Aufgrund des unbefriedigenden Ergebnisses der praktischen Arbeit wird auf eine weiterführende Diskussion verzichtet und ausführlich die Limnologie in einem Maar beschrieben.

10) Limnologie eines Maares

Die Naturwissenschaft, die sich mit der Ökologie der Binnengewässer beschäftigt, ist die Limnologie. Da die meisten Binnengewässer Süßwasser führen, wird die Limnologie auch als Süßwasserbiologie bezeichnet und untersucht die physikalischen, chemischen und biologischen Aspekte von Binnengewässern. Die Lebensbedingungen in einem Maar, bzw. in stehenden Gewässern allgemein, werden vor allem von den abiotischen Faktoren wie Sauerstoffgehalt, Nährstoffgehalt, Wasserschichtung (Temperatur) und Licht bestimmt (Schwoerbel, 2010).

Die auf der Oberfläche auftreffende Globalstrahlung wird zunächst an der Wasseroberfläche reflektiert. Das Rückstrahlungsvermögen der Wasseroberfläche bzw. der gesamten Erdoberfläche wird als Albedo bezeichnet. Die Menge des reflektierten Lichtes ist dabei abhängig vom Sonnenstand, also vom Einstrahlungswinkel, und demzufolge tageszeitlich und jahreszeitlich verschieden. In Mitteleuropa gelten als Mittelwerte im Sommer 3% und im Winter 14% Strahlungsverlust durch Reflexion (Uhlmann und Horn 2001). Der größte Teil der Strahlung dringt in den Wasserkörper ein. Das eindringende Licht wird beim Gang durch den Wasserkörper an Wasserinhaltsstoffen gestreut und absorbiert (Extinktion). Der durch den oberen Wasserkörper hindurchstrahlende Teil der Strahlung wird als Transmission bezeichnet. Durch die Streuung und Absorption der Lichtstrahlung beim Gang durch den Wasserkörper nimmt die Lichtintensität exponentiell mit zunehmender Tiefe ab. Die untere Grenze, bei der eine Photosynthese noch möglich ist, liegt bei ca. 1% des Tageslichtes und beläuft sich im Durchschnitt, je nach Klarheit des Maars, auf eine Tiefe von 2-10 Metern (Uhlmann und Horn, 2001). Ein genauer Anhaltspunkt hierfür ist die untere Grenze des Algenwachstums. Dabei steht die Einstrahlungsenergie in direktem Zusammenhang mit der Temperaturschichtung in einem Maar. Aufgrund der geringen Wärmeleitfähigkeit des Wassers werden nur die oberen Schichten des Maars von der Sonneneinstrahlung erwärmt und die Verteilung der Wärme in tiefere Wasserschichten erfolgt ausschließlich durch Zirkulationsprozesse. Somit entsteht je nach Jahreszeit eine Stagnation oder Zirkulation (Abb. 40).

Durch die hohe Sonneneinstrahlung im Sommer erwärmt sich das Oberflächenwasser (Epilimnion) immer weiter und besitzt infolge der Dichteanomalie des Wassers eine geringere Dichte als das kältere Tiefenwasser (Hypolimnion). Es entsteht im See ein Temperaturgefälle von der warmen Deckschicht bis zum Grund. Die Temperaturabnahme von der Oberfläche zur Bodenzone erfolgt nicht kontinuierlich, sondern fällt sprunghaft in einer zwischen Epi- und Hypolimnion liegenden Zwischenschicht ab, der sogenannten Thermokline oder auch Metalimnion. Infolge des Einflusses von Winden kommt es im Epilimnion zu einer Durchmischung des Wasserkörpers, wodurch eine relativ konstante Temperatur in diesem Bereich vorliegt. Gleichzeitig wird das Hypolimnion nicht in die Zirkulation miteingebunden, wodurch es zur Ausbildung der Sommerstagnation kommt. Der bodennahe Wasserkörper der Maare verarmt dadurch an Sauerstoff, so dass kein benthisches Leben mehr existieren kann (Sirocko, 2009). Aus diesem Grund bleiben die jährlichen Ablagerungen zerstörungsfrei erhalten. Wird in Folge der großen Tiefe des Maares der unterste Wasserkörper über Jahre hinweg nicht in die jährliche Zirkulation mit eingebunden, entsteht ein sauerstofffreier Bodenwasserkörper, das Monimolimnion. Die Sedimente im Monimolimnion sind aufgrund der Umsetzung durch anaerobe Bakterien zu Sulfiden dunkelbraun bis schwarz gefärbt und durchgehend gewarvt (Sirocko, 2009).

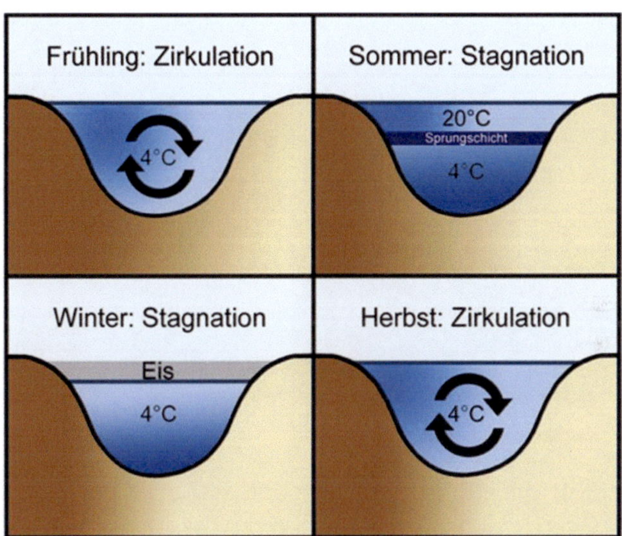

Abb. 40: Jahreszeitlicher Wechsel zwischen Stagnation und Zirkulation in einem Maar.

Quelle: http://www.uni-duesseldorf.de/MathNat/Biologie/Didaktik/WasserSek_I/oekosystem_see/dateien/ wie_sieht_es_am_see_aus/jahreszeiten.html

Im Herbst wird das warme Oberflächenwasser durch den Kontakt zu kälteren Luftmassen abgekühlt und sinkt in Wassertiefen entsprechender Dichte ab. Angetrieben durch vermehrt auftretende Starkwinde und Stürme entstehen zusätzliche Strömungen, die kälteres

Tiefenwasser an die Oberfläche transportieren, so dass es zur Durchmischung des Wasserkörpers kommt. Diese Phase wird als herbstliche Vollzirkulation bezeichnet und endet, sobald die Wassertemperatur des Maares einheitlich 4°C beträgt.

Im Winter kühlt sich durch die sinkenden Außentemperaturen das Wasser weiter ab und bildet evtl. durch Überschichtung mit Kaltwasser eine Eisdecke aus. Unter dem kalten und leichteren Oberflächenwasser bzw. der Eisdecke sammelt sich das wärmere Tiefenwasser. Aufgrund der Dichteunterschiede entsteht eine stabile Temperaturschichtung, welche als Winterstagnation bezeichnet wird. Die Stagnation im Winter ist für die Überwinterung der im Wasser lebenden Organismen überlebenswichtig, denn bereits in geringer Tiefe finden die Lebewesen ein frostfreies Refugium mit einer konstanten Temperatur von 4 Grad Celsius vor.

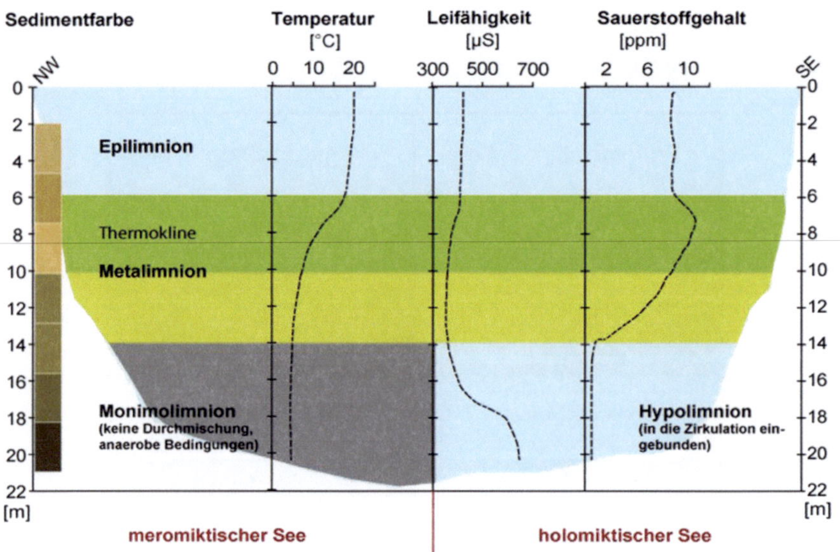

Abb. 41: Schematische Darstellung der vertikalen Wasserschichtung in einem Maar. Dargestellt sind Temperatur, Leitfähigkeit und Sauerstoffgehalt in Abhängigkeit zur Tiefe.

Quelle: Sirocko, 2009

Mit steigenden Außentemperaturen und vor allem durch vermehrten Lichteintrag kommt es im Frühjahr zu einer Algenblüte und zu einer Erwärmung der obersten Wasserschichten. Die Wärme wird durch Winde und Strömungen im gesamten Wasserkörper verteilt, bis im Maar eine einheitliche Temperatur von etwa 4°C vorliegt. Man spricht dabei von der Frühjahrszirkulation. Anschließend beginnt der jährliche Kreislauf von vorne.

In Mitteleuropa ist für Seen und Maare eine Durchmischung des Wasserkörpers im Herbst und Frühjahr, im Wechsel mit einer Stagnation im Winter und Sommer, typisch. Daher sind alle Seen der gemäßigten Breiten dimiktische, was bedeutet, dass zwei Zirkulationen im Jahr stattfinden. Des Weiteren werden Maare, die ein Monimolimnion ausbilden, als meromiktisch bezeichnet, wohingegen Maare, bei denen der gesamte Wasserkörper mindestens einmal während der Zirkulation durchmischt wird, als holomiktisch beschrieben werden (Abb. 41).

	Eutrophes Maar (z. B. Schalkenmehrener Maar)	**Oligotrophes Maar** (z. B. Gemündener Maar)
Nährstoffgehalt	nährstoffreich	nährstoffarm
Produktion organischer Substanz im Epilimnion	hoch	gering
Abbau organischer Substanz im Hypolimnion	kein vollständiger Abbau der produzierten organischen Substanz möglich	vollständiger Abbau der produzierten organischen Substanz
Verhältnis Prod./Abbau	> 1	= 1
O_2-Gehalt Epilimnion	hoch bis übersättigt	reichlich
O_2-Gehalt Hypolimnion	O_2-arm wegen der O_2-verbrauchenden, mikrobiellen Abbauvorgänge	ausreichend, i. d. R. ungefähr gleichmäßiger Sauerstoffgehalt in Epi- u. Hypolimnion
Profundal	Faulschlamm; die produzierte organische Substanz kann nicht vollständig abgebaut werden und lagert sich ab	Torfschlamm; d. h. es lagert sich der schwerer abbaubare Anteil der organischen Substanz (z. B. Zellulose) ab
Sichttiefe	< 1 - 10 m	5 - 20 m
Farbe	grün	blau bis grün

Tab. 6: Zusammenfassung der Merkmale eutropher und oligotropher Maare im Sommer.

Quelle: Eigene Darstellung nach Uhlmann und Horn, 2001

In den heutigen 7 Maarseen herrschen lediglich zwei Trophiestufen vor: eutroph (nährstoffreich) und oligotroph (nährstoffarm) (Sirocko, 2009). Sie unterscheiden sich aufgrund des Gehaltes an Nährstoffen und dem Verhältnis von Produktion und Abbau im Epi- und Hypolimnion. Die Unterschiede zwischen beiden Stufen sind in Tabelle 6 gegenübergestellt.

In geologischen Zeiträumen gesehen entwickeln sich oligotrophe Seen immer zu eutrophen Seen, d. h. sie eutrophieren. Das Phänomen beschreibt die zunehmende Anreicherung eines

Gewässers mit Nährstoffen und die hieraus resultierende Steigerung der pflanzlichen Produktion. Die Nährstoffe gelangen aus der Umgebung z. B. durch Laubeinfall oder äolische Staubpartikel in das Gewässer. Neben der natürlichen Eutrophierung hat die anthropogen verursachte Eutrophierung durch Nährstoffzufuhr infolge von z. B. Düngung und Waschmittel zunehmend an Bedeutung gewonnen.

Das Schalkenmehrener Maar ist ein dimiktisches Maar und besitzt somit 2 Zirkulationszyklen. Bei der Untersuchung von verschiedenen Temperaturprofilen im Früh- und Spätsommer fällt auf, dass die Thermokline um etwa 3 Meter im Spätsommer abgesunken ist und somit den Beginn der herbstlichen Vollzirkulation widerspiegelt. Teilweise wird der gesamte Wasserkörper in die Zirkulation mit eingebunden, teilweise hat sich aber auch ein Monimolimnion gebildet. Bei dem Vergleich mehrerer Bohrkerne aus dem Maar konnten regionale Veränderungen festgestellt werden, so dass je nach Bohrlokation auch ungeschichtete Sedimentpakete vorlagen. Dies liegt zum einen an der lokal unterschiedlich ausgebildeten Strömung und zum anderen an der weit vorgeschrittenen Verlandung des Maarbodens. Entscheidend für die Ausbildung eines Monimolimnion ist die Tiefe, welche mit maximal 21m gering ist und an der Grenze für die Ausbildung eines Monimolimnion liegt. Aus diesem Grund sind Teile des Maars als holomiktisch und andere Teilbereiche als meromiktisch einzustufen. Des Weiteren lässt die Entwicklung des Sauerstoffgehaltes und der Sauerstoffsättigung auf ein eutrophes Maar schließen (Abb. 42). Auffällig ist der deutlich erhöhte Sauerstoffgehalt im Bereich der Thermokline, welcher mit einer Sauerstoffsättigung von über 100% einhergeht. Dies ist vor allem dadurch zu erklären, dass Photosynthese betreibende Algen, bevorzugt Diatomeen, Sauerstoff produzieren, welcher genau im Bereich der Thermokline für eine Übersättigung sorgt. Somit wird die temperaturabhängige physikalische Sauerstoffsättigung überstiegen und Werte über 100% erreicht. Unterhalb der Thermokline sinkt der Sauerstoffgehalt rapide unter 3ppm ab, was für die meisten Lebewesen anoxische Bedingungen darstellt. Infolge der großen Anzahl an pflanzlicher Biomasse im lichtdurchfluteten Bereich des Maares wird diese nach ihrem Absterben und Absinken unter Sauerstoffverbrauch im Hypolimnion zersetzt. Wodurch unter der Thermokline Sauerstoffzehrung eintritt und der Sauerstoffgehalt in den bodennahen Wasserschichten gegen Null tendiert.

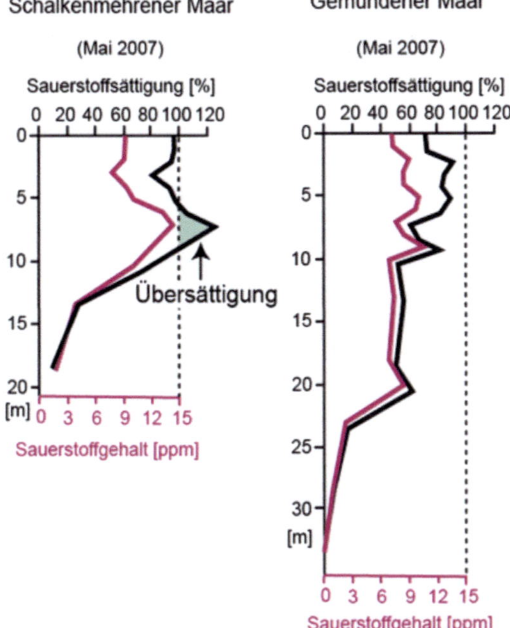

Abb. 42: Vergleich der Entwicklung des Sauerstoffgehaltes und der Sauerstoffsättigung zwischen dem Schalkenmehrener Maar (eutroph) und dem Gemündener Maar (oligotroph).

Quelle: Sirocko, 2009

11) Zusammenfassung und Ausblick

Von den drei postulierten Hauptzielen konnten zwei erfolgreich umgesetzt werden, lediglich die Erweiterung der extremen Winterzeitreihe schlug fehl. Dies ist aber nicht auf eine fehlerhafte Herangehensweise zurückzuführen, sondern wahrscheinlich auf eine fehlende Sensibilität des untersuchten Schalkenmehrener Maares bezüglich Eisablagerungen. Sowohl die überregionale Betrachtung des Einflusses der Sonnenaktivität auf das Winterklima als auch die Herstellung einer Korrelation zwischen der Sonne und der NAO konnten erfolgreich umgesetzt werden.

Die Ergebnisse des ersten Teils dieser Arbeit zeigen den Haupteinfluss von solarer Aktivität und NAO auf das Winterklima in Mitteleuropa an und rechtfertigen das immer größer werdende Interesse an beiden Parametern im Hinblick auf das europäische Winterklima. So konnte mithilfe der Temperatur-, der Niederschlags- und der Eisanalyse die unterschiedliche Stärke der Einflussfaktoren auf das regionale mitteleuropäische Klima, bevorzugt im Winter, gewichtet werden. Daraus folgt auch, dass die Vulkanausbrüche und der El-Niño eine untergeordnete Wirkung auf das regionale Winterklima von Mitteleuropa ausüben, während die Sonne und die NAO die entscheidenden Parameter für Mitteleuropa darstellen. Dank der Bootstrap-Methode konnten zudem statistisch signifikante Strukturen in NAO-, Sonnen-, Eis- und Temperaturdaten bestimmt und zugeordnet werden.

Der entstandene Abschnitt über den Einfluss der Sonnenaktivität und der NAO auf das Zufrieren des Rheins, des Bodensees und der Ostsee verdeutlicht, dass Auswirkungen wie extreme Kälte regional beschränkt sein können. Des Weiteren wird deutlich, dass der Rhein wegen seines statistisch signifikanten Doppelbezugs zur NAO und zur Sonnenaktivität eine Besonderheit in Mitteleuropa darstellt. Vor allem konnte gezeigt werden, dass der Einfluss der Sonne auf das Klima nicht vernachlässigt werden darf und regional sehr unterschiedlich ausfallen kann. Das Ergebnis kann hierbei nur als Ansatz für weitere Nachforschungen in Bezug auf das Sonne-Klima-System angesehen werden. Daher wird es auch weiterhin wichtig sein, in globalem und regionalem Maßstab mit aktuellen Datensätzen der wichtigsten Klimaparameter statistische Analysen durchzuführen, aber auch Extremwerte zu betrachten, um auf dieser Basis räumliche sowie zeitlich variable Zusammenhänge identifizieren und quantifizieren zu können.

Abb. 43

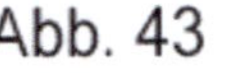

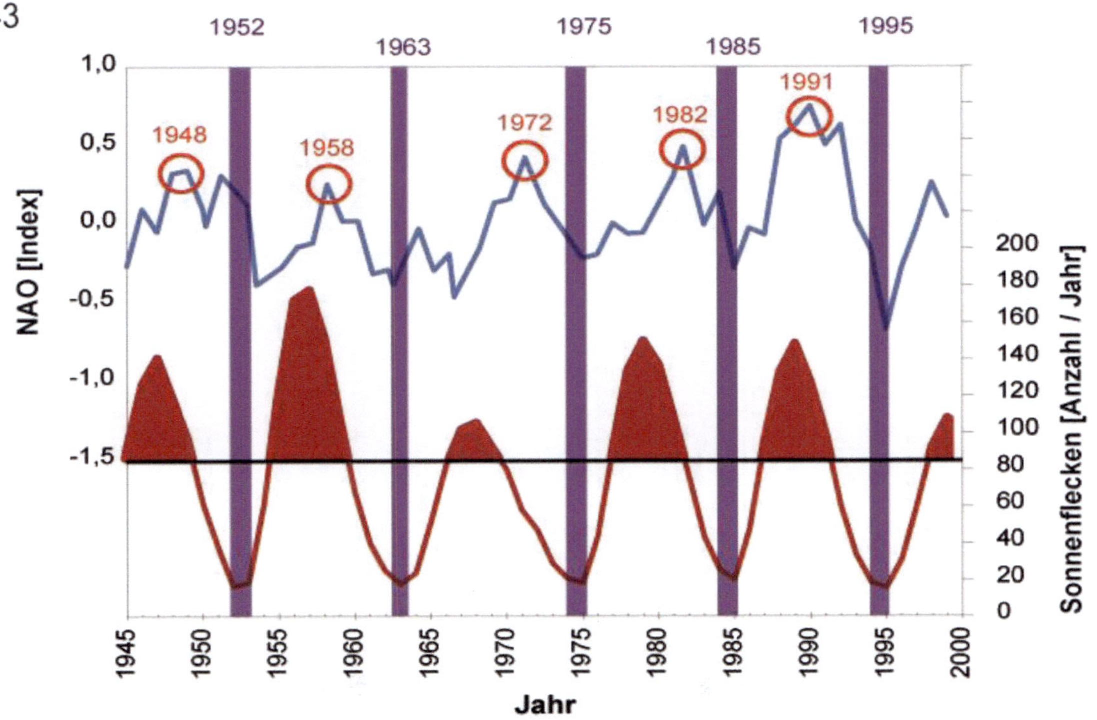

Quelle: Luterbacher, et. al. J. 2002. Extending North Atlantic Oscillation Reconstructions Back to 1500. SIDC, World Data Center for the Sunspot Index, Royal Observatory of Belgium. Monthly Report on the International Sunspot Number, http://www.sidc.be/sunspot-data/

97

Die Analyse des Einflusses der Sonnenaktivität auf die oszillierende NAO legt nahe, dass erhöhte Sonnenaktivität zu einer maximalen Rückkopplung zwischen der NAO und den Sonnenflecken führt. Zusätzlich begünstigen Phasen äußerst geringer Sonnenaktivität einen negativen Trend des NAO-Indexes. Wie die Abbildung 20 verdeutlicht, ist die Rückkopplung nicht durchgehend vorhanden und scheint in Phasen mittlerer Sonnenfleckenzyklen teilweise von anderen Prozessen überlagert zu sein. Auch wenn die Weitergabe des Impulses noch nicht vollständig verstanden ist, wird in der Grafik sichtbar, dass ein Bezug zwischen den Sonnenflecken und der NAO nicht von der Hand zu weisen ist, auch wenn dieser erst durch eine Glättung der Daten sichtbar wird und mittels der Rohdaten (Abb. 19) nicht zu erfassen ist. Von besonders großem Interesse in diesem Zusammenhang ist der Zeitraum der letzten 50 Jahre, da hier die genausten und am höchsten aufgelösten Daten vorliegen. Zusätzlich deckt der Zeitraum genau den Bereich ab, nachdem der Rhein letztmalig zugefroren ist. Nichtsdestotrotz zeigt die Abbildung 43 in beeindruckender Weise, dass der Mechanismus weiterhin äußerst aktiv ist. So besteht in dem untersuchten Zeitraum eine hundertprozentige Korrelation zwischen den Sonnenflecken (rote Kurve) und dem NAO-Index (blaue Kurve). Besonders hervorzuheben ist hierbei, dass die Rückkopplung nicht nur in den Minima, sondern auch in den Maxima aktiv ist, wobei das NAO-Maximum dem Sonnenfleckenmaximum stets leicht hinterherhinkt. Zusätzlich fällt auf, dass der Zeitabschnitt genau mit den höchsten Sonnenfleckenzyklen der gesamten Zeitreihe kongruent ist, was die Theorie der maximalen Rückkopplung untermauert.

Im praktische Teil der vorliegenden Arbeit konnten mithilfe geochemischer, petrologischer und makroskopischer Analysen verschiedene Eventlagen eines etwa 2m langen Freeze-Kerns aus dem Schalkenmehrener Maar hochaufgelöst untersucht werden. Das Ziel, die vorliegende Zeitreihe extremer Winter von Mitteleuropa in die Vergangenheit zu erweitern, konnte durch die zu geringe Anzahl der identifizierten Winterlagen nicht realisiert werden. Allerdings sind bei der Zuordnung der einzelnen Eventlagen in die Kategorien Hochwasser, extremer Winter und Turbidit allgemeingültige Unterscheidungsmerkmale erarbeitet und in den Abbildungen 37-39 grafisch zusammengefasst worden. Des Weiteren konnten normale und eventabhängige Transport- und Sedimentationsprozesse innerhalb eines Maares und speziell im Schalkenmehrener Maar beschrieben werden.

Eine weitere Frage, der in dieser Arbeit nicht nachgegangen werden konnte, welche aber in Zukunft eine dominierende Rolle spielen wird, ist der Einfluss anthropogener Veränderungen sowohl auf das regionale Klima an sich als auch auf natürliche Parameter. Für diese komplexe Analyse müssen aber zuerst Unsicherheiten und Wissenslücken bei den Prozessen der natürlichen Klimaparameter behoben werden, um verlässliche Aussagen für die Zukunft treffen zu können.

In diesem Zusammenhang sollte auch nicht vergessen werden, dass die untersuchten Parameter und ihre Korrelationen selbst in Fachkreisen heftige Diskussionen auslösen und noch nicht vollständig verstanden sind. Durch diesen Fakt wird die Sensibilität und Komplexität des Forschungsgebietes verdeutlicht und die mögliche Reichweite der erarbeiteten Korrelationen aufgezeigt.

Abschließend muss festgehalten werden, dass, obwohl die Erweiterung der Eis-Daten fehlgeschlagen ist, die Kernaussage des zugrunde liegenden Papers nicht nur bestätigt, sondern sogar präzisiert und erweitert werden konnte. Dabei wurde der Rhein als besonders sensibles Forschungsobjekt im Bezug zur Sonnenaktivität bestätigt. Außerdem konnte die vermutete Beziehung der Sonnenaktivität zur NAO erstmals nachgewiesen werden. Folglich wurde eine neue Basis für weiterführende Interpretationsmöglichkeiten im Klimasektor geschaffen, welche als Ausgangspunkt für kommende Analysen angesehen werden kann.

Literaturverzeichnis

Appenzeller, C. et al. (1998). North Atlantic Oscillation dynamics recorded in Greenland ice cores. Science, Volume 282, S. 446-449.

Battarbee, R. W., et al. (2007). Past Climate Variability through Europe and Africa. Dordrecht: Springer.

Bluth, G. J. S., et al. (1992). Global tracking of the SO2 clouds from the June, 1991 Mount Pinatubo eruptions. Geophys. Res. Lett., Volume 19, Issue 2, S. 151-154.

Brönnimann, S., et al. (2009). Climate Variability and Extremes during the Past 100 years. Dordrecht: Springer.

Büchel, G. (Hrsg.) (1994). Vulkanologische Karte der West- und Hocheifel im Maßstab 1: 50.000. Koblenz: Landesvermessungsamt Rheinland-Pfalz.

Büchel, G. und H. Mertes. (1982). Die Eruptionszentren des Westeifeler Vulkanfeldes. Z. dt. geol. Ges. Hannover, Volume 133, S. 409-429.

Chapman, G. A., et al. (1996). Variations in total solar irradiance during solar cycle 22. J. Geophys. Res., Volume 101, Issue A6.

Chen, L., et al. (2012). Middle atmospheric ozone and temperature responses to solar irradiance variations over 27-day periods. J. Geophys. Res.

Crowley, T. J., et al. (2002). Causes of Climate Change Over the Past 1000 Years. Science, Volume 289, S. 270-277.

Deshler, T., et al. (1991). Balloonborne measurements of the Pinatubo aerosol size distribution at Laramie, Wyoming during Summer of 1991. Geophys. Res. Lett., Volume 19, Issue 2, S. 199-202.

Dietrich, S. und F. Sirocko. (2010). The reconstruction of easterly wind directions for the Eifel region (Central Europe) during the period 40.3–12.9ka BP. Climate of the Past, Volume 6, S. 145–154.

Dietrich, S. und F. Sirocko, F. (2009). The potential of µXRF scanning for quantification of aeolian dust input in Eifel dry maar sediments. Quaternary Science Journal, Volume 60, Nr. 1, S. 90-104.

Fischer, E. M., et al. (2007). European climate response to tropical volcanic eruptions over the last half millennium. Geophys. Res. Lett., Volume 34, S. L05707.

Fontenla, J. M., et al. (2004). The signature of solar activity in the infrared spectral irradiance'. Astrophys. J. Lett., Volume 605, S. L85-L88.

Fox, P. (2004). Solar activity and irradiance variations. In Solar Variability and Its Effects on Climate (S. 366ff). Geophys. Monograph, Volume 141.

Fritz, T. (2011). Warvenchronologie der letzten 1000 Jahre anhand ausgewählter Eifelmaare. Diplomarbeit, Universität Mainz.

Fröhlich, C. (2003). Solar irradiance variations. ESA SP-535, S. 183–193.

Fröhlich, C. und J. Lean. (2004). Solar radiative output and its variability. Evidence and mechanisms. Astronomy and Astrophysics Review, Volume 12, S. 273-320.

Fuhrmann, U. und H. J. Lippolt. (1982). Das Alter des jungen Vulkanismus der Westeifel aufgrund von Ar40/Ar39-Datierungen. Fortschr. Mineralogie 60, Beiheft 1, S. 80-82.

Gao, C., et al. (2008). Volcanic forcing of climate over the past 1500 years: An improved ice core-based index for climate models. Geophys. Res. Lett.

Glueck, M. F. und C. W. Stockton. (2001). Reconstruction of the North Atlantic Oscillation, 1429-1983. Int. J. Climatol., Volume 21, S. 1453-1465.

Gray, L. J., et al. (2010). Solar influences on climate. Rev. Geophys., Volume 48, Issue 4.

Hahn-Weinheimer, P. und K. Weber-Diefenbach. (1995). Röntgenfluoreszenzanalytische Methoden: Grundlagen und praktische Anwendung in den Geo-, Material- und Umweltwissenschaften. Braunschweig, Wiesbaden: Vieweg Verlag.

Haigh, J. D. (2003). The effects of solar variability on the Earth's climate. Philos. Trans. R. Soc. London Ser. A, Volume 361, S. 95–111.

Haigh, J. D. und M. Lockwood. (2004). The Sun, Solar Analogs and the Climate: Saas-Fee Advanced Course 34. Swiss Society for Astrophysics and Astronomy.

Haigh, J. D., et al. (2006). Solar influences on dynamical coupling between the stratosphere and troposphere. Space Sci. Rev.

Heinz, T. (1991). Paläolimnologische und spektralanalytische Untersuchungen an jahreszeitlich geschichteten Sedimenten des Schalkenmehrener Maares/West. Diplomarbeit, Universität Trier.

Heinz, T. und B. Rein. (1993). Sediments and basin analysis of Schalkenmehrener maar lake. Palaeolimnology of European maar lakes. Lecture Notes in Earth Sciences, Volume 49, S. 149-161.

Hoyt, D. V. und K. H. Schatten. (1997). The Role of the Sun. In: Climate Change (S. 279 ff.). Oxford, U. K.: Oxford Univ. Press.

Hurrell, J. W., et al. (2009). North Atlantic climate variability: The role of the North Atlantic Oscillation. J. Mar. Syst., Volume 78, S. 28-41.

Hurrell, J. W., et al. (1995). Decadal Trends in the North Atlantic Oscillation: Regional Temperatures and Precipitation. Science, Volume 269, S. 676-679.

Jäger H. (1992). The Pinatubo eruption cloud observed by lidar at Garmisch-Partenkirchen. Geophys. Res. Lett., Volume 19, Issue 2, S. 191-194.

Jasmund K., G. Lagaly (Hrsg.). (1993). Tonminerale und Tone – Struktur, Eigenschaften, Anwendungen und Einsatz in Industrie und Umwelt. Darmstadt: Steinkopff-Verlag.

Jones, P. D. et al. (1999). Monthly Mean Pressure reconstruction for Europe 1780-1995. Int. J. Climatol., Volume 19, S. 347-364.

Klockmann, F. (1948). Klockmanns Lehrbuch der Mineralogie. Stuttgart: Thieme-Verlag, Ferdinand Enke Verlag, 13. Aufl.

Klose, B. (2007). Meteorologie: Eine interdisziplinäre Einführung in die Physik der Atmosphäre. Berlin, Heidelberg: Springer.

Koslowski, G. und R. Glaser. (1999). Variations in reconstructed winter severity in the western Baltic from 1501 to 1995, and their implications from the North Atlantic Oscillation. Climate Change, Volume 41, S. 175-191.

Labitzke, K. und H. van Loon. (1988). Associations between the 11-year solar cycle, the QBO and the atmosphere. Part I: The troposphere and stratosphere in the northern hemisphere in winter. J. Atmos. Terr. Phys., Volume 50, S. 197-2006.

Lagaly G. (1986). Smectitic clays as ionic macromolecules. In: Developments in ionic polymers, Vol. 2 (S. 77-140). London: Elsevier Appl. Sci. Publ. Ltd.

Lean, J. L. (2010). Cycles and trends in solar irradiance and climate. WIREs Clim. Change, Volume 1.

Lionello, P., et al. (2005). Is the winter European climate of the last 500 years conditioned by the variability of solar irradiance and volcanism? Geesthacht: GKSS-Forschungszentrum Geesthacht.

Loewe, P., et al. (1997). The Western Baltic sea ice season in terms of a mass-related severity index 1879–1992. Tellus A, Volume 46, Issue 1, S. 66-74.

Luterbacher, J. et al. (2001). Reconstruction of Sea Level Pressure fields over the Eastern North Atlantic and Europe back to 1500. Clim. Dynam., Volume 18, S. 545-561.

Luterbacher, J., et al. (2002). Extending North Atlantic Oscillation Reconstructions back to 1500. Atmos. Sci. Lett.

Marsh, N., et al. (2000). Cosmic rays, clouds, and climate. Space Sci. Rev., Volume 94, Issue 1-2, S. 215-230.

Matthes, K., et al. (2006). Transfer of the solar signal from the stratosphere to the troposphere: Northern winter. J. Geophys. Res.

Matti, C., et al. (2009). Winter precipitation trends for two selected European regions over the last 500 years and their possible dynamical background. Theor. Appl. Climatol.

McPhaden, M. J. (1999). Genesis and evolution of the 1997–98 EL-Nino. Science, Volume 283, S. 950-954.

Meehl, G. A., et al. (2003). Solar and greenhouse gas forcing and climate response in the twentieth century. J. Clim., Volume 16, S. 426-444.

Meehl, G. A., et al. (2009). Amplifying the Pacific climate system response to a small 11-year solar cycle forcing. Science.

Mertes, H., Büchel G. (1982). Die Eruptionszentren des Westeifeler Vulkanfeldes. Hannover: Z. dt. geol. Ges., Band 133.

Meyer, W. (1988). Geologie der Eifel. Stuttgart: Schweitzerbart'sche Verlagsbuchhandlung, 2. Aufl.

Müller, W., et al. (2002). Low-frequency variability in idealised GCM experiments with circumpolar and localised storm tracks. Nonlinear Processes in Geophysics, Volume 9, Issue 1, S. 37-49.

Negendank, J. F. W. und B. Zolitschka (Ed.). (1993). Paleolimnology of European maar lakes. Heidelberg: Springer Verlag.

North, G. R., et al. (1998). Detecting climate signals in the surface temperature record. J. Clim., Volume 11, Issue 4, S. 563-577.

Okrusch M. und S. Matthes. (2009). Mineralogie: Eine Einführung in die spezielle Mineralogie, Petrologie und Lagerstättenkunde. Berlin, Heidelberg, New York: Springer Verlag, 2. Aufl.

Pfahl, S., et al. (2009). A new windstorm proxy from lake sediments – a comparison of geological and meteorological data from western Germany fort he period 1965-2001. J. Geophys. Res., Volume 114, Issue D18106.

Pinto, J. G., et al. (2011). Past and recent changes in the North Atlantic Oscillation. WIREs Clim. Change.

Quinn, W. H., et al. (1992). The Historical record of EL Nino events. In: Climate since AD 1500 (S. 623-648). London: Eds. Routledge.

Rein, B. (1996). Die Warvenchronologie des Holzmaares. Vergleichende Untersuchung an drei Sedimentprofilen. Dissertation, Universität Potsdam.

Rind, D., et al. (2008). Exploring the stratospheric/tropospheric response to solar forcing. J. Geophys. Res., Volume 113.

Scharf, B. W. und M. Oehms. (1992). Physical and chemical characteristics. Limnology of Eifel Maar Lakes, Ergebnisse der Limnologie, Volume 38, S. 63-83.

Schlichenmaier, R. und H. Peter. (2007). Anatomie unserer Sonne. Spektrum der Wissenschaft Spezial, Nr. 1, S. 16-23.

Schwoerbel J. und H. Brendelberger. (2010). Einführung in die Limnologie. Heidelberg: Spektrum Akad. Verlag, 9. Auf.

Seelos, K. (2004). Entwicklung einer numerischen Partikelanalyse auf Basis digitaler Dünnschliffaufnahmen und Anwendung der Methode auf die ELSA-HL2-Kernsequenz 66-41 m. Dissertation, Universität Mainz.

Seelos, K. und F. Sirocko. (2005). RADIUS – Rapid Particle Analysis of digital images by ultra-high-resolution scanning of thin sections. Sedimentology, Volume 52, S. 669-681.

SIDC-team, World Data Center for the Sunspot Index, Royal Observatory of Belgium, Monthly Report on the International Sunspot Number, online catalogue of the sunspot index: http://www.sidc.be/sunspot-data/, 1775-2012.

Sillmann, J., et al. (2011). Extreme Cold Winter Temperatures in Europe under the Influence of North Atlantic Atmospheric Blocking. J. Clim., Volume 24, Issue 22, S. 5899-5913.

Sirocko, F. (2013). Geschichte des Klimas. Stuttgart: Theiss Verlag.

Sirocko, F., et al. (2009). Wetter, Klima, Menschheitsentwicklung – Von der Eiszeit bis ins 21. Jahrhundert. Stuttgart: Theiss Verlag.

Sirocko, F., et al. (2012). Solar influence on winter severity in central Europe. Geophys. Res. Lett.

Solanki, S. K., et al. (2006). Solar variability of possible relevance for planetary climates. Space Sci. Rev.

Stenseth, N. C., et al. (2003). Studying climate effects on ecology through the use of climate indices: the North AtlanticOscillation, EL Nino Southern Oscillation and beyond. Proc. R. Soc. Lond. B.

Stix, M. (2004). The sun: an introduction. Berlin, Heidelberg: Springer.

Trenberth, K. E. und D. A. Paolino Jr. (1980, aktualisiert). The Northern Hemisphere sea-level pressure data set: Trends, errors and discontinuities. Mon. Wea. Rev., Volume 108, S. 855-872.

Uhlmann D. und W. Horn. (2001). Hydrobiologie der Binnengewässer: Ein Grundriss für Ingenieure und Naturwissenschaftler. Stuttgart: UTB.

van Loon H., et al. (2008). The response in the Pacific to the sun's decadal peaks and contrasts tocold events in the Southern Oscillation. J. Atmos. Solar. Terrest. Phys., Volume 70, S. 1046–1055.

Vos, H., et al. (2004). Phase stability of the solar Schwabe cycle in Lake Holzmaar, Germany, and GISP2, Greenland, between 10,000 and 9,000 cal. BP. In: The Climate in Historical Times: Towards a Synthesis of Holocene Proxy Data and Climate Models (S. 293-318). Springer.

Waldmeier, M. (1961). The sunspot-activity in the years 1610-1960. Zürich: Schulthess u. Co. AG.

Walter, R. (1980). Lower Paleozoic Paleogeography of the Brabant Massif and its Southern Adjoining Areas. Heerlen: Rijks Geologischer Dienst.

Walter, R. (2007). Geologie von Mitteleuropa. Stuttgart: Schweitzerbart'sche Verlagsbuchhandlung, 7. Aufl.

Wanner, H., et al. (2001). North Atlantic Oscillation – Concepts And Studies. Surveys in Geophysics, Volume 22, Issue 4, S. 321-381.

Weigert, A. und H. J. Wendker. (2009). Astronomie und Astrophysik – ein Grundkurs. Weinheim: Wiley-VCH Verlag GmbH & Co. KGaA; 5. Aufl.

Werner, D. (1983). Wenn der ganze Bodensee zugefroren ist... Die Seegfrörnen von 875-1963. Konstanz: Stadler.

Zolitschka, B. (1998). Paläoklimatische Bedeutung laminierter Sedimente. In: Relief Boden Paläoklima, Band 13 (S. 176ff). Gebr. Bornträger.

Zolitschka, B. (1990). Spätquartäre jahreszeitlich geschichtete Seesedimente ausgewählter Eifelmaare. Documenta Naturae, Volume 60, S. 1-226.

Internetquellen:

(Alle Internetquellen beziehen sich auf den Stand vom 15.07.2013)

ftp://ftp.ncdc.noaa.gov/pub/data/paleo/climate1500ad/ch32.txt

ftp://ftp.ncdc.noaa.gov/pub/data/paleo/historical/north_atlantic/nao_mon.txt

http://solarscience.msfc.nasa.gov/SunspotCycle.shtml

http://www.abenteuer-universum.de/sterne/sonne.html#rot

http://www.alt-steckborn.ch/bodenseegfroerni.html

http://www.baader-planetarium.de/zubehoer/zubsonne/sonne/fleck/fleck-2.htm

http://www.cpc.ncep.noaa.gov/products/analysis_monitoring/ensostuff/ensoyears.shtml

http://www.kis.uni-freiburg.de/index.php?id=511&L=1&id=511

http://www.lmsal.com/SXT/

http://www.mpi-bremen.de/El_Nino-Effekte_vor_125_000_Jahren.html

http://www.nasa.gov/pdf/455157main_SMIII_Problem30.pdf

http://www.ncdc.noaa.gov/paleo/pubs/crowley.html

http://www.sidc.be/sunspot-data/

http://www.uniduesseldorf.de/MathNat/Biologie/Didaktik/WasserSek_I/oekosystem_see/datei
en/wie_sieht_es_am_see_aus/jahreszeiten.html

http://www.uni-mainz.de/FB/Geo/Geologie/elsa/97.php

http://www.volksfreund.de/nachrichten/region/daun/aktuell/Heute-in-der-Dauner-Zeitung-
Saubere-Maare-mit-Brief-und-Siegel;art751,2836720

Anhang

Anhang A

Übersichtstabelle der verwendeten Datensätze

Jahr	Rhein	Bodensee	Ostsee	Sonnenflecken	Sonnenflecken	Sonnenflecken	Zykluslänge	NAO	Ausrichtung NAO
[AD]	[Index]	[Index]	[Index]	[Anzahl/Jahr]				[Index]	
	2 = begehbar	2 = Komplett	2 = Komplett						1= extrem positiv
	1 = Packeis	1 = teilweise	1 = Teilweise	SIDC/				Luterbacher	-1= extrem Negativ
	0 = kein Eis	0 = kein Eis	0 = kein/wenig	Gesamtes Jahr	Minima	Maxima		DJaF	0= normal
2012	0	0		57,6					
2011	0	0		55,6					
2010	0	0		16,5					
2009	0	0		3,1					
2008	0	0		2,9	2008				
2007	0	0		7,5					
2006	0	0		15,2					
2005	0	0		29,8					
2004	0	0		40,4					
2003	0	0		63,6					
2002	0	0		104,1					
2001	0	0		110,9				-0,75	0
2000	0	0		119,5		2000		1,45	1
1999	0	0		93,2				1,58	1
1998	0	0		64,2				-0,39	0
1997	0	0	0	21,6				-0,87	0
1996	0	0	1	8,6	1996		12	-1,57	-1
1995	0	0	0	17,5				1,99	1
1994	0	0	0	29,9				1,68	1
1993	0	0	0	54,7				0,99	0
1992	0	0	0	94,5				-0,23	0
1991	0	0	0	145,8				0,74	0
1990	0	0	0	142,3				1,06	1
1989	0	0	0	157,8		1989		1,69	1
1988	0	0	0	100,0				-0,16	0

Jahr	Rhein	Bodensee	Ostsee	Sonnenflecken	Sonnenflecken	Sonnenflecken	Zykluslänge	NAO	Ausrichtung NAO
1987	0	0	1	29,2				-0,85	0
1986	0	0	1	13,4	1986		10	-0,2	0
1985	0	0	1	17,9				-0,96	0
1984	0	0	0	45,9				1,7	1
1983	0	0	0	66,6				1,14	1
1982	0	0	0	116,3				-0,32	0
1981	0	0	0	140,5				1,04	1
1980	0	0	0	154,7				0,06	0
1979	0	0	1	155,3		1979		-1,94	-1
1978	0	0	0	92,7				-0,76	0
1977	0	0	0	27,5				-1,13	-1
1976	0	0	0	12,6	1976		10	0,02	0
1975	0	0	0	15,5				0,85	0
1974	0	0	0	34,4				1,25	1
1973	0	0	0	38,0				1,27	1
1972	0	0	0	68,9				0,36	0
1971	0	0	0	66,7				-0,64	0
1970	0	0	0	104,7			¤	0,05	0
1969	0	0	0	105,6				-2,31	-1
1968	0	0	0	105,9		1968		-0,86	0
1967	0	0	0	93,7				0,42	0
1966	0	0	0	46,9				-1,12	-1
1965	0	0	0	15,1				-1,58	-1
1964	0	0	0	10,2	1964		12	-2,23	-1
1963	2	2	2	27,9				-2,61	-1
1962	0	0	0	37,6				-0,37	0
1961	0	0	0	53,9				1,59	1
1960	0	0	0	112,3				-0,62	0
1959	0	0	0	158,8				-0,66	0
1958	0	0	0	184,6				-0,25	0
1957	0	0	0	189,9		1957		1	1
1956	2	1	1	141,7				-1,12	-1

Jahr	Rhein	Bodensee	Ostsee	Sonnenflecken	Sonnenflecken	Sonnenflecken	Zykluslänge	NAO	Ausrichtung NAO
1955	0	0	0	38,0				-0,59	0
1954	2	0	0	4,4	1954		10	0,72	0
1953	0	0	0	13,9				-0,6	0
1952	0	0	0	31,4				1,03	1
1951	0	0	0	69,4				0,9	0
1950	0	0	0	83,9				1	1
1949	0	0	0	135,1				0,79	0
1948	0	0	0	136,2				-0,41	0
1947	2	1	2	151,5		1947		-0,55	0
1946	0	0	0	92,5				-0,06	0
1945	0	1	0	33,1				-0,46	0
1944	0	0	0	9,6				0,15	0
1943	0	0	0	16,3	1943		11	0,89	0
1942	2	1	2	30,6				-0,3	0
1941	0	1	1	47,5				-1,2	-1
1940	1	1	2	67,8				-1,88	-1
1939	0	0	0	88,8				0,35	0
1938	0	0	0	109,6				-0,18	0
1937	0	0	0	114,4		1937		0,86	0
1936	0	0	0	79,7				-1,64	-1
1935	0	0	0	36,0				0,34	0
1934	0	0	0	8,7				0,23	0
1933	1	0	0	5,7	1933		10	-0,36	0
1932	0	0	0	11,1				-1,15	-1
1931	0	0	0	21,2				1,21	1
1930	0	0	0	35,7				1,27	1
1929	2	1	1	64,9				-1,23	-1
1928	0	0	0	77,8		1928		0,48	0
1927	0	0	0	69,0				0,39	0
1926	0	0	0	63,9				-0,7	0
1925	0	0	0	44,3				1,57	1
1924	1	0	1	16,7				0,18	0

Jahr	Rhein	Bodensee	Ostsee	Sonnenflecken	Sonnenflecken	Sonnenflecken	Zykluslänge	NAO	Ausrichtung NAO
1923	0	0	0	5,8	1923		10	1,32	1
1922	0	0	0	14,2				1,87	1
1921	0	0	0	26,1				-0,11	0
1920	0	0	0	37,6				2,15	1
1919	0	0	0	63,6				-0,23	0
1918	0	0	0	80,6				-1,03	-1
1917	0	0	1	103,9		1917		-1,88	-1
1916	0	0	0	57,1				0,68	0
1915	0	0	0	47,4				1,25	1
1914	2	0	0	9,6				0,47	0
1913	0	0	0	1,4	1913		10	1,01	1
1912	0	0	0	3,6				-0,49	0
1911	0	0	0	5,7				0,2	0
1910	0	0	0	18,6				0,99	0
1909	0	0	0	43,9				0,65	0
1908	0	0	0	48,5				1	1
1907	0	0	0	62,0				1,05	1
1906	0	0	0	53,9				0,91	0
1905	0	0	0	63,5		1905		-0,01	0
1904	1	0	0	42,0				1,22	1
1903	0	0	0	24,4				0,43	0
1902	0	0	0	5,1				-0,86	0
1901	1	0	0	2,7	1901		12	-0,68	0
1900	0	0	0	9,5				-1,1	-1
1899	0	0	0	12,1				-0,43	0
1898	0	0	0	26,7				0,79	0
1897	0	0	1	26,2				0,36	0
1896	1	0	0	41,8				-0,33	0
1895	1	1	1	64,0				-1,87	-1
1894	0	0	0	78,0				1,67	1
1893	0	0	1	85,1		1893		-0,62	0
1892	0	0	0	72,9				-0,05	0

Jahr	Rhein	Bodensee	Ostsee	Sonnenflecken	Sonnenflecken	Sonnenflecken	Zykluslänge	NAO	Ausrichtung NAO
1891	2	0	1	35,6				-0,54	0
1890	0	0	0	7,1				0,89	0
1889	1	0	0	6,2	1889		12	0,9	0
1888	0	0	1	6,8				-1,27	-1
1887	0	0	0	13,1				0,55	0
1886	0	0	0	25,4				-0,2	0
1885	0	0	0	52,0				0,1	0
1884	0	0	0	63,5				0,41	0
1883	0	0	0	63,6		1883		0,87	0
1882	0	0	0	59,6				1,41	1
1881	0	0	1	54,3				-2,09	-1
1880	2	2	0	32,2				-0,42	0
1879	0	0	0	6,0				-1,39	-1
1878	0	0	0	3,4	1878		11	0,89	0
1877	0	0	0	12,4				0,18	0
1876	1	0	0	11,3				-0,42	0
1875	0	0	0	17,0				-0,63	0
1874	0	0	0	44,7				1	1
1873	0	0	0	66,2				0,53	0
1872	0	0	0	101,6			¤	0,88	0
1871	1	0	1	111,2				-0,47	0
1870	0	0	0	139,0		1870		-0,77	0
1869	0	0	0	74,0				1,42	1
1868	0	0	0	37,6				0,68	0
1867	0	0	0	7,3	1867		11	-0,66	0
1866	0	0	0	16,3				1	1
1865	0	0	1	30,5				-0,15	0
1864	1	0	0	47,0				0,76	0
1863	0	0	0	44,0				1,68	1
1862	0	0	0	59,1				-0,88	0
1861	0	0	0	77,2				-0,97	0
1860	0	0	0	95,8		1860		0,25	0

Jahr	Rhein	Bodensee	Ostsee	Sonnenflecken	Sonnenflecken	Sonnenflecken	Zykluslänge	NAO	Ausrichtung NAO
1859	0	0	0	93,8				1,59	1
1858	0	0	1	54,8				0,58	0
1857	0	0	0	22,7				0,49	0
1856	0	0	0	4,3	1856		11	-0,65	0
1855	1	0	2	6,7				-0,48	0
1854	0	0	0	20,6				0,09	0
1853	0	0	0	39,0				1,24	1
1852	0	0	0	54,1				0,67	0
1851	0	0	0	64,5				0,86	0
1850	1	0	0	66,6				-0,2	0
1849	0	0	0	96,3				0,64	0
1848	0	0	1	124,7		1848		1,01	1
1847	0	0	0	98,4				-0,66	0
1846	0	0	0	61,5				0,88	0
1845	2	0	1	40,1				-0,93	0
1844	0	0	0	15,0				0,13	0
1843	0	0	0	10,7	1843		13	0,37	0
1842	0	0	0	24,2				1,34	1
1841	0	0	1	36,7				-0,92	0
1840	0	0	0	64,7				0,42	0
1839	0	0	0	85,7				1,09	1
1838	2	0	2	103,2				-0,64	0
1837	0	0	0	138,3		1837		0,02	0
1836	0	0	0	121,5				-0,1	0
1835	0	0	0	56,9				-0,23	0
1834	0	0	0	13,2				1,35	1
1833	0	0	0	8,5	1833		10	0,17	0
1832	0	0	0	27,5				0,17	0
1831	0	0	1	47,8				-0,9	0
1830	2	2	2	70,9		1830		-0,99	0
1829	0	0	1	67,0				-0,35	0
1828	0	0	0	64,2				0,59	0

Jahr	Rhein	Bodensee	Ostsee	Sonnenflecken	Sonnenflecken	Sonnenflecken	Zykluslänge	NAO	Ausrichtung NAO
1827	0	0	1	49,6				-0,73	0
1826	0	0	0	36,3				0,06	0
1825	0	0	0	16,6				0,11	0
1824	0	0	0	8,6				0,43	0
1823	2	0	1	1,8	1823		10	-0,57	0
1822	0	0	0	4,0				1,13	1
1821	0	0	0	6,6				-1,39	-1
1820	0	0	1	15,6				-1,53	-1
1819	0	0	0	24,0				0,85	0
1818	0	0	0	30,1				0,59	0
1817	0	0	0	41,1				1,37	1
1816	0	0	0	45,8		1816		0,08	0
1815	0	0	0	35,4				-0,4	0
1814	0	1	2	13,9				-1,59	-1
1813	0	0	0	12,2				-0,24	0
1812	0	0	0	5,0				0,71	0
1811	0	0	1	1,4				0,32	0
1810	0	0	0	0,0	1810		13	0,5	0
1809	0	0	1	2,5				-0,78	0
1808	0	0	0	8,1				-0,55	0
1807	0	0	0	10,1				0,78	0
1806	0	0	0	28,1				0,51	0
1805	0	0	1	42,2				-1,17	-1
1804	0	0	1	47,5		1804		-0,42	0
1803	0	0	1	43,1				-0,86	0
1802	0	0	0	45,0				-0,33	0
1801	0	0	0	34,0				0,12	0
1800	0	0	2	14,5				-1,27	-1
1799	1	1	2	6,8				-0,05	0
1798	0	0	0	4,1	1798		12	0,51	0
1797	0	0	0	6,4				-0,42	0
1796	0	0	0	16,0				0,83	0

Jahr	Rhein	Bodensee	Ostsee	Sonnenflecken	Sonnenflecken	Sonnenflecken	Zykluslänge	NAO	Ausrichtung NAO
1795	0	1	2	21,3				-0,84	0
1794	0	0	0	41,0				-0,23	0
1793	0	0	0	46,9				0,6	0
1792	0	0	1	60,0				-0,6	0
1791	0	0	0	66,6				1,41	1
1790	0	0	0	89,9				1,35	1
1789	0	2	2	118,1				-0,89	0
1788	0	0	0	130,9		1788		-1,23	-1
1787	0	0	0	132,0				-0,07	0
1786	0	0	0	82,9				-0,83	0
1785	0	0	1	24,1				-1,25	-1
1784	2	0	2	10,2	1784		14	-0,5	0
1783	0	0	0	22,8				-0,31	0
1782	0	0	0	38,5				0	0
1781	0	0	0	68,1				-0,92	0
1780	0	0	0	84,8				-1,15	-1
1779	0	0	0	125,9			¤	0,83	0
1778	0	0	0	154,4		1778		-0,62	0
1777	0	0	1	92,5				-0,38	0
1776	0	0	1	19,8				0,32	0
1775	0	0	0	7,0	1775		9	0,18	0

Jahr	NAO	Temperatur	Temperatur	Temperatur	Temperatur	Temperatur	Niederschlag	El Nino	Vulkane
[AD]	[Index]	[°C]	[°C]	[°C]	[°C]	[°C]	[mm/Jahr]	[Index] 0 = kein El Nino 1 = El Nino-Jahr	[W/m2]
	Luterbacher Gesamtes Jahr	Baur DJaF	Baur MAMa	Baur JJuA	Baur SON	Baur Gesamtes Jahr	Gesamtes Jahr	Quinn plus NOAA	Crowley
2012		2,27	11,20	18,83	10,57	10,42	627	0	
2011		0,77	11,50	18,23	11,00	10,96	691	0	
2010		0,20	9,37	19,23	9,50	9,28	773	1	
2009		0,80	11,33	18,83	11,20	10,50	714	0	
2008		3,77	10,40	18,73	10,10	10,73	697	0	
2007		5,43	12,17	18,83	9,43	11,25	836	1	
2006		0,33	9,27	19,57	13,13	10,83	645	0	
2005		1,80	10,03	18,17	11,13	10,26	675	0	
2004		2,20	9,63	18,27	10,73	10,18	708	0	
2003		0,50	10,67	21,03	9,73	10,58	548	1	
2002		3,03	10,43	19,07	10,13	10,73	911	0	
2001	-0,39	3,00	9,93	18,47	10,50	10,19	822	0	
2000	0,17	3,23	11,27	18,17	11,43	11,10	745	0	
1999	0,34	2,23	10,67	18,33	10,73	10,58	723	0	
1998	0,27	4,03	10,57	18,03	9,00	10,31	788	1	-0,07
1997	-0,73	0,63	9,63	18,73	9,73	10,05	640	0	-0,14
1996	-0,40	-1,10	8,40	17,57	9,40	8,53	590	0	-0,18
1995	-0,89	3,80	9,37	18,90	10,07	10,13	773	1	-0,26
1994	0,77	3,20	10,20	19,60	10,57	10,88	804	0	-0,56
1993	0,17	1,93	10,57	17,27	8,10	9,67	795	0	-1,39
1992	0,95	2,33	10,37	19,70	9,70	10,55	731	1	-3,73
1991	0,39	0,83	9,00	18,23	10,03	9,51	572	0	-1,6
1990	0,91	4,30	10,77	18,00	10,10	10,68	718	0	-0,16
1989	0,57	3,97	10,57	17,90	10,33	10,58	657	0	-0,16
1988	0,13	3,57	9,57	17,63	9,67	10,23	810	0	-0,2

Jahr	NAO	Temperatur	Temperatur	Temperatur	Temperatur	Temperatur	Niederschlag	El Nino	Vulkane
1987	-0,94	-0,37	7,57	17,00	10,87	8,81	817	1	-0,33
1986	0,70	0,10	8,93	17,77	10,17	9,10	784	0	-0,44
1985	-0,63	-1,40	9,20	17,37	9,13	8,78	671	0	-0,39
1984	0,51	1,67	8,03	17,20	10,47	9,35	680	0	-1,18
1983	0,08	2,50	9,60	19,53	9,93	10,32	705	1	-3,06
1982	0,87	-0,23	9,13	18,70	11,53	10,05	630	0	-2,41
1981	-0,06	0,87	10,50	17,37	10,07	9,53	939	0	-0,16
1980	-0,47	2,07	7,90	16,83	9,30	8,77	773	0	-0,16
1979	0,33	-0,67	8,93	17,10	9,70	9,05	738	0	-0,27
1978	-0,07	1,47	9,00	16,53	9,53	9,03	716	0	-0,22
1977	-0,27	1,93	9,30	17,20	10,20	9,83	760	0	-0,15
1976	-0,26	1,87	8,50	18,80	10,07	9,70	529	1	-0,41
1975	-0,14	4,13	8,77	18,20	9,77	9,90	624	0	-0,9
1974	0,75	3,07	9,50	16,97	8,77	9,94	782	0	-0,38
1973	-0,06	1,27	8,53	18,03	9,30	9,29	632	1	-0,23
1972	0,58	1,90	9,27	17,13	8,53	8,97	620	0	-0,11
1971	-0,06	1,00	8,90	17,87	9,30	9,50	548	0	-0,2
1970	-0,14	-1,53	7,53	18,00	10,27	8,96	788	0	-0,51
1969	-0,29	-0,33	8,33	17,60	10,83	8,90	650	1	-1,06
1968	-0,99	1,00	9,43	17,47	10,00	9,28	741	0	-0,85
1967	0,68	2,63	9,47	17,77	10,47	9,93	776	0	-0,44
1966	-0,61	2,10	9,60	17,13	9,83	9,63	908	0	-0,66
1965	-0,19	0,67	8,10	16,40	8,43	8,62	889	1	-1,01
1964	-0,38	-1,10	8,77	18,07	9,63	9,14	572	0	-1,19
1963	-0,32	-4,40	8,77	17,77	10,97	8,26	606	0	-0,64
1962	-0,27	1,20	7,43	16,47	8,90	8,28	633	0	-0,28
1961	0,62	2,40	10,27	17,13	10,93	10,02	825	0	-0,4
1960	-0,32	1,60	9,27	17,03	10,07	9,42	802	0	0
1959	0,44	1,57	10,43	18,40	9,57	9,97	487	0	0
1958	-0,51	1,80	7,47	17,40	10,30	9,41	822	1	0
1957	-0,39	2,67	9,20	17,77	9,47	9,66	752	0	0
1956	0,07	-1,03	8,00	16,23	9,13	7,98	796	0	-0,41

Jahr	NAO	Temperatur	Temperatur	Temperatur	Temperatur	Temperatur	Niederschlag	El Nino	Vulkane
1955	-0,86	1,17	7,17	17,47	9,43	8,78	711	0	0
1954	1,14	-0,80	8,63	16,73	10,17	8,80	814	0	0
1953	0,33	0,47	9,90	17,80	10,50	9,88	564	1	0
1952	-0,54	1,73	9,57	18,50	7,73	9,17	798	0	0
1951	0,16	1,43	8,37	17,77	10,57	9,87	731	1	0
1950	0,66	2,10	9,70	18,80	9,13	9,55	815	0	0
1949	0,20	1,73	9,07	17,37	10,87	9,98	615	0	0
1948	0,10	2,57	10,57	16,87	9,57	9,76	699	0	0
1947	-0,47	-3,60	9,87	19,47	10,77	9,46	642	0	0
1946	0,64	1,30	10,23	17,57	9,07	9,26	698	0	0
1945	-0,99	0,30	10,73	18,33	9,80	9,93	773	0	0
1944	-0,35	1,50	8,10	17,97	9,20	9,15	791	0	0
1943	0,73	1,97	10,10	17,67	9,60	9,68	567	1	0
1942	-0,26	-3,03	8,03	17,17	10,47	8,18	611	0	0
1941	-0,81	-1,87	7,17	17,30	8,10	8,04	794	1	0
1940	-0,44	-3,87	8,47	16,57	9,30	7,48	803	0	0
1939	-0,61	1,43	8,13	17,67	9,20	9,18	840	1	0
1938	1,09	1,43	8,60	17,70	10,40	9,41	676	0	0
1937	-0,29	1,60	9,60	17,70	9,33	9,42	729	0	0
1936	-0,21	1,90	9,10	17,27	8,50	9,28	749	0	0
1935	0,62	2,57	7,77	18,10	9,90	9,22	696	0	0
1934	0,44	-0,43	10,27	17,83	10,23	10,23	582	0	0
1933	-0,30	-0,07	8,80	17,37	9,03	8,38	604	0	0
1932	-0,22	0,37	7,63	17,93	10,10	9,03	685	1	0
1931	-0,55	0,60	7,93	17,13	7,97	8,40	798	1	0
1930	0,39	2,17	8,93	17,70	10,10	9,48	811	0	0
1929	-0,07	-3,80	7,40	17,17	10,63	8,14	555	0	0
1928	0,04	1,10	7,70	17,20	9,90	9,17	700	0	0
1927	-0,09	1,70	8,93	16,83	8,97	8,84	794	0	0
1926	-0,29	1,97	8,93	16,40	10,30	9,47	795	1	0
1925	-0,05	2,60	8,57	17,07	7,90	8,99	722	0	-0,5
1924	0,37	-1,27	8,17	16,10	9,23	8,18	714	0	-1,31

Jahr	NAO	Temperatur	Temperatur	Temperatur	Temperatur	Temperatur	Niederschlag	El Nino	Vulkane
1923	0,92	2,13	8,53	16,20	9,33	8,81	719	1	0
1922	0,79	-0,30	8,40	16,30	7,23	8,02	799	0	0
1921	0,59	2,33	9,63	17,67	8,80	9,68	517	0	0
1920	0,73	2,87	10,50	16,27	7,33	9,09	634	0	0
1919	0,05	1,70	7,53	16,17	7,90	8,18	659	1	0
1918	0,13	0,40	9,63	15,97	8,57	9,11	668	0	0
1917	-0,43	-0,60	7,37	18,23	9,70	8,31	623	1	0
1916	-0,17	3,83	9,23	15,77	9,13	9,36	755	0	0
1915	-1,14	2,17	8,07	16,83	7,27	8,65	703	1	0
1914	0,90	0,80	9,33	16,97	8,63	9,00	732	0	-0,8
1913	0,98	1,77	9,43	15,63	10,23	9,21	657	0	-0,8
1912	-0,03	1,83	9,17	16,47	6,70	8,54	749	1	-2,08
1911	0,01	1,47	8,77	18,53	9,77	9,63	502	0	0
1910	0,03	2,33	8,40	16,60	8,37	9,03	763	1	0
1909	-0,28	-1,00	7,70	15,83	8,97	8,09	712	0	0
1908	0,05	0,93	8,20	17,33	8,10	8,43	588	0	0
1907	0,41	-0,63	8,30	16,07	10,00	8,73	631	1	-0,37
1906	0,06	1,57	8,87	17,20	10,27	9,24	708	0	0
1905	0,12	1,23	8,53	18,40	7,77	8,89	687	1	0
1904	0,18	0,50	9,00	18,07	8,60	9,27	579	0	0
1903	0,28	1,13	8,77	16,40	10,03	9,19	681	0	-1,3
1902	-1,21	1,73	7,70	16,37	7,80	8,12	656	1	-3,6
1901	-0,30	-0,77	8,70	17,90	9,33	8,71	703	0	0
1900	0,00	0,50	7,10	17,97	10,07	9,39	732	1	0
1899	-0,84	3,03	8,13	17,53	9,70	9,09	674	0	0
1898	0,01	1,93	8,53	16,97	10,10	9,57	671	0	0
1897	0,00	0,30	8,97	18,07	8,33	9,02	655	1	0
1896	0,16	-0,07	8,60	17,33	8,60	8,56	676	0	0
1895	-0,88	-2,27	8,47	17,63	10,07	8,45	675	0	0
1894	0,26	0,87	9,83	16,97	8,87	9,13	722	0	0
1893	-0,71	-1,37	9,73	17,77	9,20	9,00	600	0	0
1892	-0,22	1,00	7,87	17,43	9,07	8,58	565	0	0

Jahr	NAO	Temperatur	Temperatur	Temperatur	Temperatur	Temperatur	Niederschlag	El Nino	Vulkane
1891	-0,01	-3,13	8,03	16,43	9,67	8,36	695	1	0
1890	0,90	-0,07	9,40	16,53	8,70	8,34	683	0	0
1889	0,57	-0,40	8,73	17,77	8,40	8,42	673	1	0
1888	-0,79	-1,20	7,40	16,30	8,43	7,83	719	0	0
1887	-0,86	-0,47	7,07	17,70	7,93	7,94	558	0	0
1886	0,37	-0,83	8,03	16,83	10,63	8,74	638	0	0
1885	-0,33	1,20	8,30	17,27	8,53	8,68	663	0	0
1884	-0,07	2,80	8,63	17,07	8,90	9,41	673	1	-1,4
1883	0,11	1,73	6,87	16,97	9,43	8,73	625	0	-3,7
1882	0,87	1,57	9,73	16,13	9,53	9,28	854	0	0
1881	-0,61	0,53	7,77	17,57	8,23	8,23	630	0	0
1880	-0,89	-2,30	8,97	17,40	9,50	9,32	761	1	0
1879	-0,33	-0,40	7,00	16,97	8,43	7,54	732	0	0
1878	-0,81	1,67	9,20	17,13	9,77	9,27	735	1	0
1877	-0,49	3,20	7,13	18,43	8,73	9,25	790	0	0
1876	-0,16	-0,63	8,23	18,07	8,87	8,96	699	0	0
1875	-0,56	-0,50	8,03	18,43	8,53	8,59	694	0	0
1874	0,79	1,63	8,40	17,83	9,60	9,15	513	1	0
1873	0,61	2,23	8,23	18,53	9,67	9,54	608	0	0
1872	0,04	-0,27	9,87	17,57	10,73	10,08	689	0	0
1871	-0,61	-2,50	8,17	16,83	7,80	7,55	636	1	0
1870	-0,76	-0,77	8,30	17,30	8,97	8,12	669	0	0
1869	-0,05	3,47	9,07	16,63	9,10	9,18	661	0	0
1868	1,17	0,67	9,97	19,00	9,57	10,29	701	1	0
1867	-0,67	2,30	8,07	17,03	8,87	8,83	812	0	0
1866	-0,09	2,83	8,23	17,23	9,50	9,55	785	1	0
1865	-0,09	-1,57	9,37	17,47	10,47	9,21	531	0	0
1864	-0,63	-0,53	7,80	16,00	8,27	7,42	528	1	0
1863	1,06	2,50	9,37	17,60	9,93	10,00	647	0	0
1862	0,43	0,20	10,87	16,83	9,87	9,52	694	0	0
1861	0,01	-0,57	7,87	18,47	9,73	8,97	675	0	0
1860	0,05	-0,17	7,80	16,30	8,17	8,13	754	1	0

Jahr	NAO	Temperatur	Temperatur	Temperatur	Temperatur	Temperatur	Niederschlag	El Nino	Vulkane
1859	0,29	1,83	9,50	19,43	9,17	9,72	646	0	0
1858	0,15	-1,10	7,47	18,13	8,67	8,20	573	1	0
1857	-0,15	0,00	8,37	18,80	10,10	9,41	457	0	0
1856	-0,59	0,07	7,90	17,10	8,17	8,69	682	0	0
1855	-0,29	-0,83	6,93	17,27	9,27	7,64	643	0	0
1854	0,39	-1,23	8,67	16,83	8,43	8,73	759	0	-0,8
1853	0,24	2,03	5,87	17,40	8,77	7,82	668	0	0
1852	-0,21	1,70	7,00	18,17	9,67	9,48	747	0	0
1851	0,14	1,10	7,80	16,77	8,00	8,35	682	0	0
1850	0,22	-0,73	7,63	17,10	8,37	8,31		1	0
1849	-0,09	1,30	8,20	16,67	8,47	8,48		0	0
1848	0,43	-1,70	9,73	17,17	9,03	8,68		0	0
1847	0,57	-1,70	8,13	17,23	8,17	8,08		0	0
1846	0,69	2,63	9,53	19,30	9,83	9,91		1	0
1845	0,40	-2,73	5,70	17,00	9,43	7,92		0	0
1844	-0,47	0,73	8,53	16,03	9,77	8,17		0	-0,6
1843	-0,10	2,27	7,73	16,47	9,27	9,04		0	-1,5
1842	0,33	-0,53	8,77	18,17	7,57	8,37		0	0
1841	0,50	-3,43	10,47	16,30	10,40	9,23		0	-0,4
1840	0,15	1,07	7,87	16,40	8,93	7,91		0	-1
1839	0,19	0,60	6,60	17,63	10,13	8,88		0	0
1838	-0,27	-3,40	7,70	16,47	8,87	7,34		0	0
1837	-0,43	0,83	6,00	17,40	8,77	8,12		1	0
1836	0,75	-0,27	9,00	17,07	8,93	9,00		0	-1,1
1835	0,10	1,97	8,23	17,93	7,97	8,76		0	-2,95
1834	-0,27	3,87	9,27	19,63	10,10	10,43		0	0
1833	-0,08	0,27	8,87	16,57	8,90	9,03		0	0
1832	-0,45	0,53	8,10	17,03	8,57	8,48		1	-1,8
1831	-0,12	-0,43	9,60	17,27	9,93	9,23		0	-4,86
1830	0,59	-5,63	9,53	17,30	8,93	8,11		0	-1,2
1829	-0,89	-1,50	7,93	16,50	7,37	6,79		0	0
1828	-0,05	1,03	9,47	17,63	9,13	9,26		1	0

Jahr	NAO	Temperatur	Temperatur	Temperatur	Temperatur	Temperatur	Niederschlag	El Nino	Vulkane
1827	0,07	-0,93	10,37	18,03	8,87	9,14		0	0
1826	0,28	-0,03	8,63	19,63	9,90	9,43		0	0
1825	-0,31	2,77	8,53	17,20	9,97	9,53		0	0
1824	-0,69	2,20	8,03	17,33	10,77	9,76		1	0
1823	0,15	-2,60	8,83	16,90	9,53	8,57		0	0
1822	-0,27	3,30	11,00	18,67	10,57	10,38		0	0
1821	-0,70	-0,43	9,10	15,77	10,53	9,18		1	0
1820	-0,18	-1,63	9,23	16,93	8,00	8,15		0	0
1819	0,34	0,93	9,80	18,50	9,03	9,54		1	0
1818	0,15	1,00	8,80	17,80	9,43	9,17		0	0
1817	0,09	2,10	7,07	17,37	9,23	8,98		1	-0,8
1816	-0,33	-0,87	7,67	15,33	7,77	7,59		0	-2,2
1815	0,02	0,53	9,87	16,30	8,43	8,43		0	-5,98
1814	-0,74	-2,57	7,53	16,77	8,10	7,63		0	0
1813	0,06	-1,50	9,00	16,00	8,30	8,38		0	0
1812	-0,67	0,13	7,80	16,43	8,50	7,72		0	0
1811	0,63	-0,43	10,47	19,07	10,77	9,88		0	-0,8
1810	-0,45	-0,93	8,23	16,57	9,73	8,41		0	-2
1809	0,01	-0,97	7,60	17,10	8,07	8,47		0	-5,5
1808	-0,05	-0,10	7,03	18,43	8,33	8,03		0	0
1807	0,09	2,37	7,53	19,17	9,27	9,22		1	0
1806	-0,01	2,00	8,37	16,67	9,77	9,57		0	0
1805	-0,57	-2,50	6,77	15,63	7,00	7,06		0	0
1804	0,03	1,10	7,83	17,30	8,90	8,43		1	0
1803	-0,09	-2,23	8,40	17,90	8,30	8,02		0	0
1802	0,39	-0,43	8,67	17,83	10,37	9,14		0	0
1801	0,24	0,53	10,07	16,63	10,20	9,45		0	0
1800	-0,18	-2,13	9,80	16,70	9,80	8,93		0	0
1799	0,03	-3,30	6,80	16,60	8,97	7,20		0	0
1798	1,11	1,97	9,57	18,33	9,57	9,36		0	0
1797	0,91	0,17	9,63	18,33	9,73	9,83		0	0
1796	0,58	3,73	7,93	17,70	9,60	9,26		0	0

Jahr	NAO	Temperatur	Temperatur	Temperatur	Temperatur	Temperatur	Niederschlag	El Nino	Vulkane
1795	-0,39	-3,10	8,83	17,37	10,60	8,91		0	0
1794	0,87	2,23	11,03	18,67	8,93	9,83		0	0
1793	0,31	0,87	7,60	17,73	9,57	9,04		0	0
1792	0,50	0,27	9,03	18,00	8,43	8,96		0	0
1791	0,84	2,40	9,47	17,70	8,37	9,39		1	0
1790	0,45	2,37	9,00	17,17	8,43	9,23		0	-0,4
1789	0,59	-3,07	7,97	17,23	9,13	8,76		0	-1,2
1788	-0,65	1,83	8,90	18,30	8,93	8,49		0	0
1787	0,36	0,37	8,20	17,57	9,73	9,17		0	0
1786	-0,61	0,43	8,03	16,80	6,87	8,06		1	0
1785	-0,56	-1,23	5,37	16,73	9,93	7,78		0	0
1784	-0,41	-3,23	7,97	17,67	9,03	7,98		0	0
1783	0,53	2,23	9,03	19,13	10,10	9,95		1	-3,37
1782	-0,30	0,00	7,93	18,53	8,00	8,54		0	0
1781	0,38	-0,23	10,13	19,40	9,97	9,98		0	0
1780	-0,10	-0,37	9,50	17,87	9,63	8,76		0	0
1779	0,41	1,83	10,77	17,83	10,90	10,26		1	0
1778	0,30	-0,63	9,60	18,80	8,80	9,56		0	0
1777	0,07	-1,40	8,13	17,03	9,43	8,31		0	0
1776	0,56	-1,33	8,40	17,87	8,53	8,28		0	0
1775	1,27	0,73	8,37	18,87	9,63	9,56		1	0

Anhang B

Die Skripte der Bootstrap-Methode

Die gesamten Skripte aller Berechnungen sind auf der beiliegenden DVD unter dem Ordner: Die kompletten Daten, Unterordner Teil 1, Alle Skripte der Bootstrap-Methode zu finden. Diese sind mit Hilfe des frei verfügbaren Statistik-Programm R einsehbar. Auf den nachfolgenden Seiten werden exemplarisch die Skripte für den Rhein bzw. für das Winterquartal dargestellt.

Vergleich zwischen den Sonnenfleckenminima und dem zugefrorenem Rhein der Stufe 1

```r
# Rhein-Daten laden
freeze <- scan("C:/Users/Heiko/Desktop/bootsraping/heiko/Rheinstufe1.txt")
nfr <- length(freeze)
# Sonnen-Daten laden
sun <- read.table("C:/Users/Heiko/Desktop/bootsraping/heiko/sun.dat", col.names=c("year","nspot"))
nspot <- sun$nspot[sun$year<1971]
year <- sun$year[sun$year<1971]
ny <- length(year)
# Minima auswählen
sunmin <- numeric()
for (ii in 2:(ny-1))
  if (nspot[ii-1]>nspot[ii] & nspot[ii+1]>nspot[ii])
    sunmin <- c(sunmin, year[ii])
# Korrektur per Hand
sunmin <- sunmin[-c(4,10,12,15,17)]
# Übereinstimmungen zwischen Rhein-Events und Minima der Sonnenaktivität
# (unter Berücksichtigung der 4 Winter um das Minimum herum)
sm.match <- c(sunmin, sunmin-1, sunmin+1, sunmin+2)
nmatch <- sum(!is.na(match(freeze, sm.match)))
print(paste("Anzahl Uebereinstimmungen:", nmatch))
# Übereinstimmungen zwischen zufällig ausgewählten Winter und Minima der Sonnenaktivität
nrand <- 10000
nmatch.ran <- numeric()
for (ii in 1:nrand) {
ind.sel <- sample(x=1:ny, size=nfr, replace=F)
nmatch.ran[ii] <- sum(!is.na(match(year[ind.sel], sm.match)))}
# Vergleich der Anzahl der zufälligen mit den tatsächlichen Übereinstimmungen ergibt Signifikanz-Niveau
p <- sum(nmatch.ran >= nmatch) / nrand
print(paste("p-Wert des Tests:", p))
```

Vergleich zwischen den Sonnenfleckenminima und dem zugefrorenem Rhein der Stufe 2

```r
# Rhein-Daten laden
freeze <- scan("C:/Users/Heiko/Desktop/bootsraping/heiko/Rheinstufe2.dat")
nfr <- length(freeze)
# Sonnen-Daten laden
sun <- read.table("C:/Users/Heiko/Desktop/bootsraping/heiko/sun.dat", col.names=c("year","nspot"))
nspot <- sun$nspot[sun$year<1971]
year <- sun$year[sun$year<1971]
ny <- length(year)
# Minima auswählen
sunmin <- numeric()
for (ii in 2:(ny-1))
  if (nspot[ii-1]>nspot[ii] & nspot[ii+1]>nspot[ii])
    sunmin <- c(sunmin, year[ii])
# Korrektur per Hand
sunmin <- sunmin[-c(4,10,12,15,17)]
# Übereinstimmungen zwischen Rhein-Events und Minima der Sonnenaktivität
# (unter Berücksichtigung der 4 Winter um das Minimum herum)
sm.match <- c(sunmin, sunmin-1, sunmin+1, sunmin+2)
nmatch <- sum(!is.na(match(freeze, sm.match)))
print(paste("Anzahl Uebereinstimmungen:", nmatch))
# Übereinstimmungen zwischen zufällig ausgewählten Winter und Minima der Sonnenaktivität
nrand <- 10000
nmatch.ran <- numeric()
for (ii in 1:nrand) {
ind.sel <- sample(x=1:ny, size=nfr, replace=F)
nmatch.ran[ii] <- sum(!is.na(match(year[ind.sel], sm.match)))}
# Vergleich der Anzahl der zufälligen mit den tatsächlichen Übereinstimmungen ergibt Signifikanz-Niveau
p <- sum(nmatch.ran >= nmatch) / nrand
print(paste("p-Wert des Tests:", p))
```

Vergleich zwischen den Sonnenfleckenminima und dem zugefrorenem Rhein der Stufe Gesamt

```r
# Rhein-Daten laden

freeze <- scan("C:/Users/Heiko/Desktop/bootsraping/heiko/Rheingesamt.txt")

nfr <- length(freeze)

# Sonnen-Daten laden

sun <- read.table("C:/Users/Heiko/Desktop/bootsraping/heiko/sun.dat", col.names=c("year","nspot"))

nspot <- sun$nspot[sun$year<1971]

year <- sun$year[sun$year<1971]

ny <- length(year)

# Minima auswählen

sunmin <- numeric()

for (ii in 2:(ny-1))

  if (nspot[ii-1]>nspot[ii] & nspot[ii+1]>nspot[ii])

    sunmin <- c(sunmin, year[ii])

# Korrektur per Hand

sunmin <- sunmin[-c(4,10,12,15,17)]

# Übereinstimmungen zwischen Rhein-Events und Minima der Sonnenaktivität

# (unter Berücksichtigung der 4 Winter um das Minimum herum)

sm.match <- c(sunmin, sunmin-1, sunmin+1, sunmin+2)

nmatch <- sum(!is.na(match(freeze, sm.match)))

print(paste("Anzahl Uebereinstimmungen:", nmatch))

# Übereinstimmungen zwischen zufällig ausgewählten Winter und Minima der Sonnenaktivität

nrand <- 10000

nmatch.ran <- numeric()

for (ii in 1:nrand) {

ind.sel <- sample(x=1:ny, size=nfr, replace=F)

nmatch.ran[ii] <- sum(!is.na(match(year[ind.sel], sm.match)))}

# Vergleich der Anzahl der zufälligen mit den tatsächlichen Übereinstimmungen ergibt Signifikanz-Niveau

p <- sum(nmatch.ran >= nmatch) / nrand

print(paste("p-Wert des Tests:", p))
```

Vergleich zwischen dem negativem Winter-NAO-Index und dem zugefrorenem Rhein der Stufe 1

```r
# Rhein-Daten laden
freeze <- scan("C:/Users/Heiko/Desktop/bootsraping/heiko/Rheinstufe1.txt")
nfr <- length(freeze)
# Winter-NAO-Daten laden
nao <- read.table("C:/Users/Heiko/Desktop/bootsraping/heiko/NAO.txt", col.names=c("year","naoausrichtung"))
naoausrichtung <- nao$naoausrichtung[nao$year<1971]
year <- nao$year[nao$year<1971]
ny <- length(year)
# negativer Winter-NAO auswählen
naoneg <- numeric()
for (ii in 2:(ny-1))
  if (naoausrichtung[ii]<0)
    naoneg <- c(naoneg, year[ii])
# Übereinstimmungen zwischen Rhein-Events und negativen Winter-NAO
sm.match <- c(naoneg)
nmatch <- sum(!is.na(match(freeze, sm.match)))
print(paste("Anzahl Uebereinstimmungen:", nmatch))
# Übereinstimmungen zwischen zufällig ausgewählten Winter und negativen Winter-NAO
nrand <- 10000
nmatch.ran <- numeric()
for (ii in 1:nrand) {
  ind.sel <- sample(x=1:ny, size=nfr, replace=F)
  nmatch.ran[ii] <- sum(!is.na(match(year[ind.sel], sm.match)))}
# Vergleich der Anzahl der zufälligen mit den tatsächlichen Übereinstimmungen ergibt Signifikanz-Niveau
p <- sum(nmatch.ran >= nmatch) / nrand
print(paste("p-Wert des Tests:", p))
```

Vergleich zwischen dem negativem Winter-NAO-Index und dem zugefrorenem Rhein der Stufe 2

```r
# Rhein-Daten laden
freeze <- scan("C:/Users/Heiko/Desktop/bootsraping/heiko/Rheinstufe2.dat")
nfr <- length(freeze)
# NAO-Daten laden
nao <- read.table("C:/Users/Heiko/Desktop/bootsraping/heiko/NAO.txt", col.names=c("year","naoausrichtung"))
naoausrichtung <- nao$naoausrichtung[nao$year<1971]
year <- nao$year[nao$year<1971]
ny <- length(year)
# negativer Winter-NAO auswählen
naoneg <- numeric()
for (ii in 2:(ny-1))
  if (naoausrichtung[ii]<0)
    naoneg <- c(naoneg, year[ii])
# Übereinstimmungen zwischen Rhein-Events und negativen Winter-NAO
sm.match <- c(naoneg)
nmatch <- sum(!is.na(match(freeze, sm.match)))
print(paste("Anzahl Uebereinstimmungen:", nmatch))
# Übereinstimmungen zwischen zufällig ausgewählten Winter und negativen Winter-NAO
nrand <- 10000
nmatch.ran <- numeric()
for (ii in 1:nrand) {
  ind.sel <- sample(x=1:ny, size=nfr, replace=F)
  nmatch.ran[ii] <- sum(!is.na(match(year[ind.sel], sm.match)))}
# Vergleich der Anzahl der zufälligen mit den tatsächlichen Übereinstimmungen ergibt Signifikanz-Niveau
p <- sum(nmatch.ran >= nmatch) / nrand
print(paste("p-Wert des Tests:", p))
```

Vergleich zwischen dem negativem Winter-NAO-Index und dem zugefrorenem Rhein der Stufe Gesamt

```r
# Rhein-Daten laden
freeze <- scan("C:/Users/Heiko/Desktop/bootsraping/heiko/Rheingesamt.txt")
nfr <- length(freeze)
# Winter-NAO-Daten laden
nao <- read.table("C:/Users/Heiko/Desktop/bootsraping/heiko/NAO.txt", col.names=c("year","naoausrichtung"))
naoausrichtung <- nao$naoausrichtung[nao$year<1971]
year <- nao$year[nao$year<1971]
ny <- length(year)
# negativer Winter-NAO auswählen
naoneg <- numeric()
for (ii in 2:(ny-1))
  if (naoausrichtung[ii]<0)
    naoneg <- c(naoneg, year[ii])
# Übereinstimmungen zwischen Rhein-Events und negativen Winter-NAO
sm.match <- c(naoneg)
nmatch <- sum(!is.na(match(freeze, sm.match)))
print(paste("Anzahl Uebereinstimmungen:", nmatch))
# Übereinstimmungen zwischen zufällig ausgewählten Winter und negativen Winter-NAO
nrand <- 10000
nmatch.ran <- numeric()
for (ii in 1:nrand) {
  ind.sel <- sample(x=1:ny, size=nfr, replace=F)
  nmatch.ran[ii] <- sum(!is.na(match(year[ind.sel], sm.match)))}
# Vergleich der Anzahl der zufälligen mit den tatsächlichen Übereinstimmungen ergibt Signifikanz-Niveau
p <- sum(nmatch.ran >= nmatch) / nrand
print(paste("p-Wert des Tests:", p))
```

Vergleich zwischen dem negativem Winter-NAO-Index und den 30 kältesten Winterjahren

```r
# 30kältesteWinter-Daten laden

freeze <- scan("C:/Users/Heiko/Desktop/bootsraping/heiko/30kältesteWinter.txt")

nfr <- length(freeze)

# Winter-NAO-Daten laden

nao <- read.table("C:/Users/Heiko/Desktop/bootsraping/heiko/NAO_Winter.txt",
col.names=c("year","naoausrichtung"))

naoausrichtung <- nao$naoausrichtung[nao$year<1998]

year <- nao$year[nao$year<1998]

ny <- length(year)

# negativer Winter-NAO auswählen

naoneg <- numeric()

for (ii in 2:(ny-1))

  if (naoausrichtung[ii]<0)

    naoneg <- c(naoneg, year[ii])

# Übereinstimmungen zwischen den 30 kältesten Winterjahren und dem negativen Winter-NAO

sm.match <- c(naoneg)

nmatch <- sum(!is.na(match(freeze, sm.match)))

print(paste("Anzahl Uebereinstimmungen:", nmatch))

# Übereinstimmungen zwischen zufällig ausgewählten Winterjahre und negativen Winter-NAO

nrand <- 10000

nmatch.ran <- numeric()

for (ii in 1:nrand) {

  ind.sel <- sample(x=1:ny, size=nfr, replace=F)

  nmatch.ran[ii] <- sum(!is.na(match(year[ind.sel], sm.match)))}

# Vergleich der Anzahl der zufälligen mit den tatsächlichen Übereinstimmungen ergibt Signifikanz-Niveau

p <- sum(nmatch.ran >= nmatch) / nrand

print(paste("p-Wert des Tests:", p))
```

Vergleich zwischen dem positivem Winter-NAO-Index und den 30 wärmsten Winterjahren

```r
# 30wärmsteWinter-Daten laden

freeze <- scan("C:/Users/Heiko/Desktop/bootsraping/heiko/30wärmsteWinter.txt")

nfr <- length(freeze)

# Winter-NAO-Daten laden

nao <- read.table("C:/Users/Heiko/Desktop/bootsraping/heiko/NAO_Winter.txt",
col.names=c("year","naoausrichtung"))

naoausrichtung <- nao$naoausrichtung[nao$year<1998]

year <- nao$year[nao$year<1998]

ny <- length(year)

# positiver Winter-NAO auswählen

naoneg <- numeric()

for (ii in 2:(ny-1))

  if (naoausrichtung[ii]>0)

    naoneg <- c(naoneg, year[ii])

# Übereinstimmungen zwischen den 30 wärmsten Winterjahren und dem positiven Winter-NAO

sm.match <- c(naoneg)

nmatch <- sum(!is.na(match(freeze, sm.match)))

print(paste("Anzahl Uebereinstimmungen:", nmatch))

# Übereinstimmungen zwischen zufällig ausgewählten Winterjahre und positiven Winter-NAO

nrand <- 10000

nmatch.ran <- numeric()

for (ii in 1:nrand) {

  ind.sel <- sample(x=1:ny, size=nfr, replace=F)

  nmatch.ran[ii] <- sum(!is.na(match(year[ind.sel], sm.match)))}

# Vergleich der Anzahl der zufälligen mit den tatsächlichen Übereinstimmungen ergibt Signifikanz-Niveau

p <- sum(nmatch.ran >= nmatch) / nrand

print(paste("p-Wert des Tests:", p))
```

Anhang C

Übersichtsgrafiken der µ-XRF-Messung und der Korngrößenanalyse

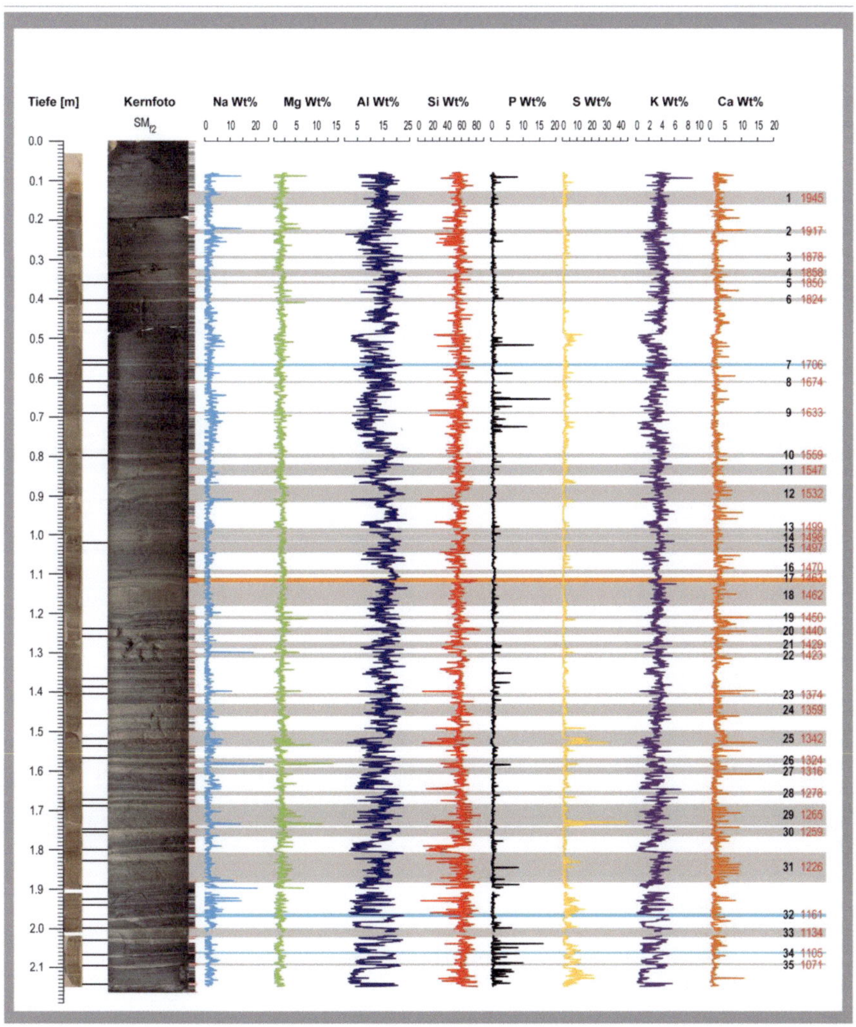
Tiefe [m]
Kernfoto
SM_f2
Na Wt%
Mg Wt%
Al Wt%
Si Wt%
P Wt%
S Wt%
K Wt%
Ca Wt%

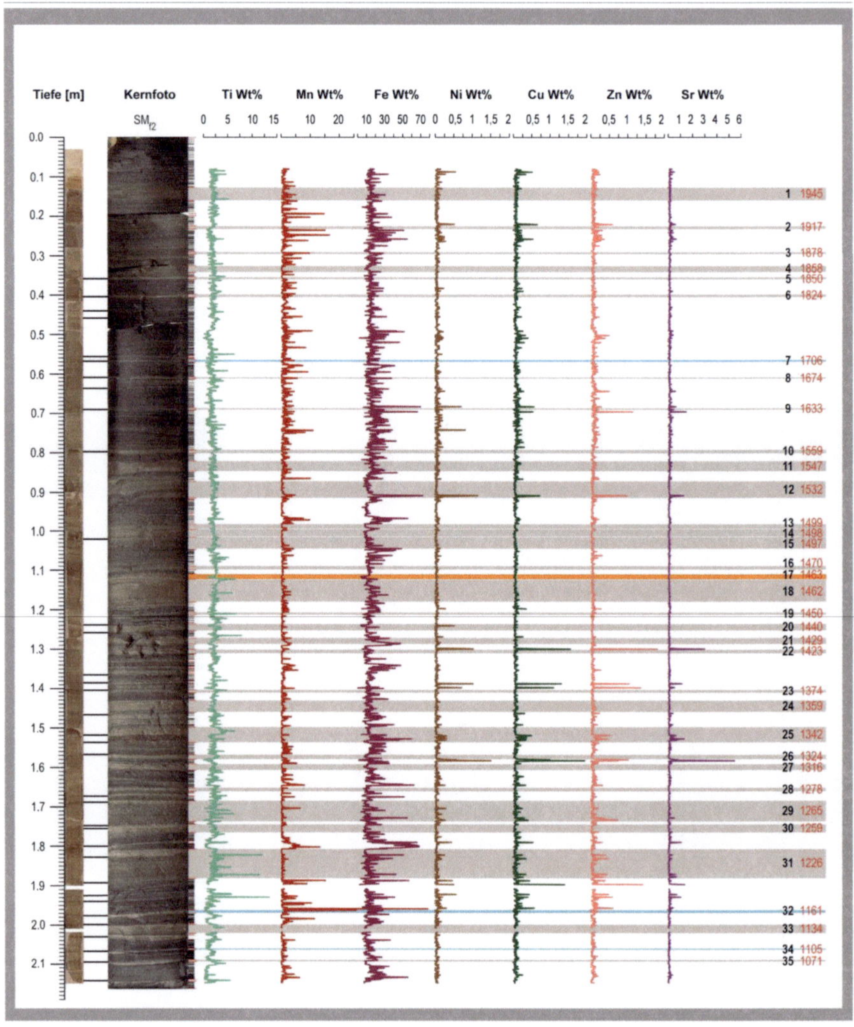
Tiefe [m]
Kernfoto
SM f2
Ti Wt%
Mn Wt%
Fe Wt%
Ni Wt%
Cu Wt%
Zn Wt%
Sr Wt%
0 5 10 15
10 20
10 30 50 70
0 0,5 1 1,5 2
0,5 1 1,5 2
0,5 1 1,5 2
1 2 3 4 5 6
0.0
0.1
0.2
0.3
0.4
0.5
0.6
0.7
0.8
0.9
1.0
1.1
1.2
1.3
1.4
1.5
1.6
1.7
1.8
1.9
2.0
2.1
1 1945
2 1917
3 1878
4 1858
5 1850
6 1824
7 1706
8 1674
9 1633
10 1569
11 1547
12 1532
13 1499
14 1498
15 1497
16 1470
17 1463
18 1462
19 1450
20 1440
21 1429
22 1423
23 1374
24 1359
25 1342
26 1324
27 1316
28 1278
29 1265
30 1259
31 1226
32 1161
33 1134
34 1105
35 1071

Korngrößenanalyse 1

Schalkenmehrener Maar

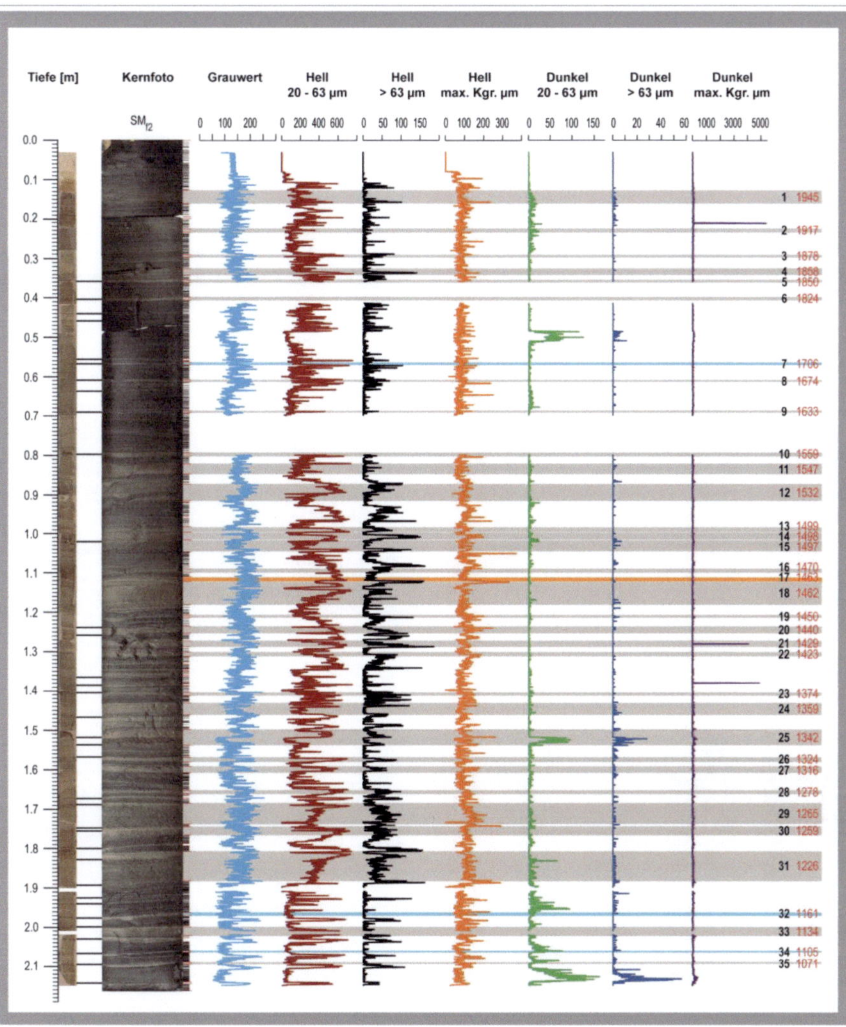

Korngrößenanalyse 2 und
Warvenmächtigkeit

Schalkenmehrener
Maar

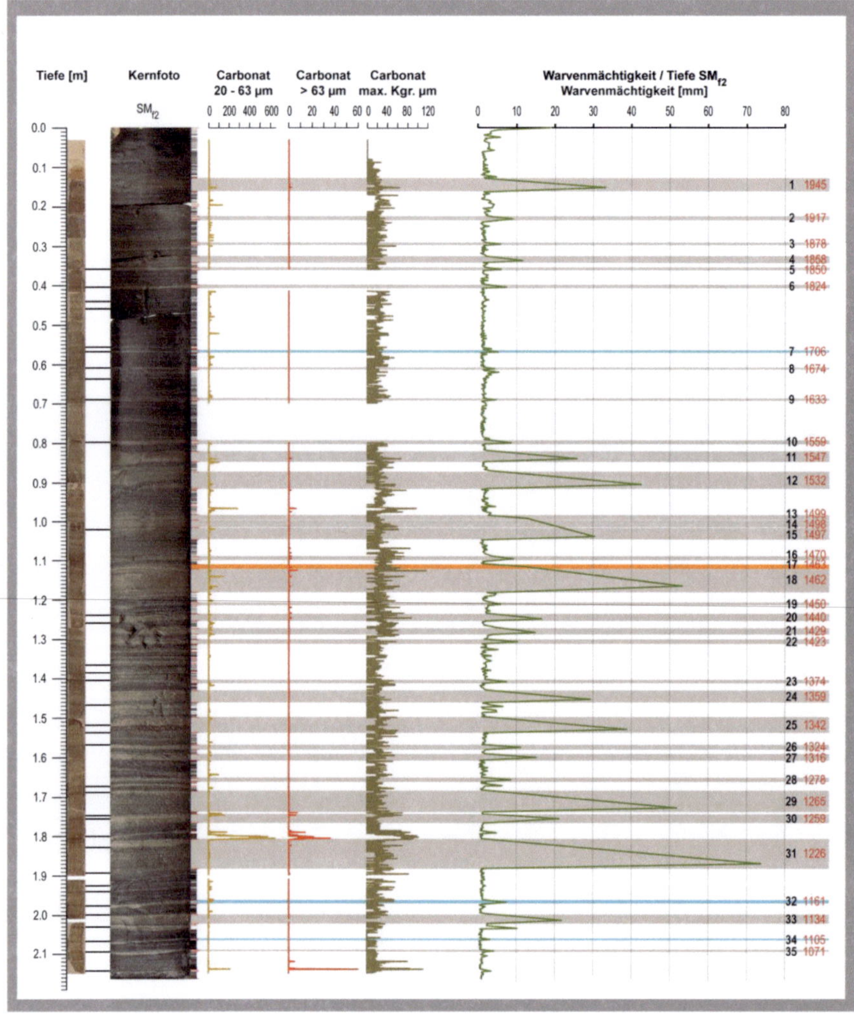